U0204636

疯狂宇宙

唐三歌 著

感动哲学 迷人至深 宇宙十大不可理喻的疯狂真相

| 大尺度 | 暗存在 | 鬼打墙 | 无底洞 | 万维弦 | 负存在 | 大爆炸 | 多世界 | XXX | 思想者 |

北京大学出版社
PEKING UNIVERSITY PRESS

图书在版编目(CIP)数据

疯狂宇宙/唐三歌著. —北京:北京大学出版社,2015.2

ISBN 978 - 7 - 301 - 25439 - 4

Ⅰ.①疯… Ⅱ.①唐… Ⅲ.①宇宙学—普及读物 Ⅳ.①P159 - 49

中国版本图书馆 CIP 数据核字(2015)第 018158 号

书 名	疯狂宇宙	
著作责任者	唐三歌 著	
责 任 编 辑	葛昊晗	
标 准 书 号	ISBN 978 - 7 - 301 - 25439 - 4	
出 版 发 行	北京大学出版社	
地 址	北京市海淀区成府路 205 号 100871	
网 址	http://www.pup.cn	
电 子 信 箱	zpup@pup.cn	
新 浪 微 博	@北京大学出版社	
电 话	邮购部 62752015 发行部 62750672 编辑部 62752032	
印 刷 者	北京鑫海金澳胶印有限公司	
经 销 者	新华书店	
	730 毫米×1020 毫米 16 开本 19.25 印张 267 千字	
	2015 年 2 月第 1 版 2018 年 4 月第 7 次印刷	
定 价	39.00 元	

○ 宇宙是怎么来的？我们为什么存在？

○ 宇宙大设计，造物主的心智，人类读懂了吗？

○ 是谁，划一根火柴点燃了宇宙大爆炸？

○ 宇宙创生之前，还发生了什么？

○《周易》详细解释了宇宙大爆炸吗？

○ 佛说"一切如梦幻泡影"，科学已经承认了吗？

○ 当代科学步入禅境，唯物主义彻底失败了吗？

○ "上帝的粒子"找到没有？

○ 异次元杀阵怎么回事？人类能不能探测异度空间？

○ 暗物质和暗能量究竟是什么？

○ 灵魂出窍，意念控物，量子力学可以证明吗？

○ 反物质是否存在？

○ 黑洞是通向另类宇宙的暗道机关吗？

○ 万物怎么形成的？宇宙真的可以无中生有吗？

○ "任意门"能不能实现？时间机器开机就要爆炸吗？

○ 宇宙之外，还有很多宇宙吗？

○ 外星人保持沉默，是因为"黑暗森林法则"害怕暴露吗？

○ 人生原来大梦一场，我们都是缸中之脑吗？

○ ……

做梦都想不到的宇宙之大
打破脑袋也想不明白的宇宙之怪

宇宙十大疯狂设计

引言
软科普 & 硬哲学

1. 你有多久没有仰望星空了？

2. 世界上最强的科普读物，可能是斯蒂芬·霍金的《时间简史》。这本奇书被翻译成几十种文字，全球卖了 1 000 万册以上，它因持续占领《纽约时报》《星期日泰晤士报》畅销书排行榜时间之长，被收入吉尼斯世界纪录。人们评价此书，语言极其通俗，内容极其艰深。有人说这种书之所以仍可以如此畅销，是因为它尝试解答过去只有神学才能触及的题材：宇宙究竟有没有一个终极设计者，时间有没有开端，空间有没有边界。我的问题是：你读过吗？

3. 还有比《时间简史》轻松活泼的科普畅销书，那是美国作家比尔·布莱森的《万物简史》——一部通俗的科普著作。布莱森不是科学家，他写此书的动机之一，是出于对枯燥乏味的各种科学读物感到不满："教科书的作者似乎有个普遍的阴谋，他们要极力确保他们写的材料绝不过于接近稍有意思的东西，起码总是远远回避明显有意思的东西。""我倒想要看看，是不是有可能在不大专门或不需要很多知识的，而又不完全是很肤浅的层面上，理解和领会——甚至是赞叹和欣赏——科学的奇迹和成就。"我也是这样想的。

4. 我们渴望揭秘宇宙大谜。但是，我们没有力气去啃读那些晦涩的教科书或科研专著。本书希望用最快速、最简明的方式，解读霍金他们发现的宇宙顶层设计，把我从中感悟到的大智慧，分享给所有迷思世界本源的哲人，特别是那些远离数学物理，而又希望大致知道专业观点和思想的智者。**这本书，写的是宇宙，论的是物理，想的是哲学。**

首先它是"软科普"——讲的是科学内容，但并不深入专业。为什么？因为科学离大众的世界观太远了。我们的社会永远有无数人在抽签、打卦、求神、拜佛，飞船都降落月亮了，还在靠风水指导公司生意，靠星座物色恋爱对象，失败者是这样，成功者也是这样。而我们的科普呢，要么是看不懂的艰涩论文，执着地跟几个不痛不痒的专业问题死磕较劲，要么就是什么"科学教你生活小窍门"之类的玩意儿，至于那些重大的世界真相，就是不告诉你。本书绝不向艰深和庸俗屈服，不探讨怎样测算天狼星运转轨迹，也不涉及蟹状星云包含多少重元素的分析。那多累啊！我只不过是想告诉人们，我们身处的这个宇宙，根据科学发现而不是神话传说，它是怎样的新奇有趣。是的，我确信好多事情你不知道，最新天体物理揭示的宇宙真相真的很古怪，值得围观。

其次它是"硬哲学"——谈的是哲学问题，但比哲学多一些客观事实依据。人类玩哲学至少玩了两三千年，纯粹思辨再加诡辩玄学，早都腻了。在认识世界真相、探究宇宙本源方面，当代物理科学不仅靠谱，而且比哲学还哲学。比如，量子理论断言，宇宙的进化有多个真实历史，这事听上去都别扭，哲学有如此思想解放的底气吗？哲学认为"无中生有""一切如梦幻泡影"这些概念很玄酷，可在超弦理论那里，它们已经是实验能够证明的基本事实。我觉得，应该在哲学大厦的结构里添加一点新物理学的钢筋。同时，鉴于各种神秘主义在解读世界之谜方面比科学和哲学更有市场，本书还要讨论它们怎么看宇宙，但侧重于厘清它们认知世界的特点，因为，真要跟它们辩驳起来的话，我没有胜算。

5. 作为一本准科普读物，我尽量引用权威而不是自说自话，因此你将会发现书中有较多的引经据典，科学依据和引用出处详见附录开列的著作。你也将发现，那些严谨刻板的科学家竟然也可以说出如此文采飞扬、哲理深刻的话。本书涉及的专业内容，以没有明显科学错误为底线。我能够确信，没有任何人会拿着这本书去做科学实验，更不会发生电器短路或者烧伤烫伤事件。书中提到了核聚变反应，甚至还有自制黑洞原理、人造宇宙技术、时光机器技术，但肯定没有被人滥用的危险。如果真有什么危险，那一定是人文方面的问题。比如，读者的世界观也许会多少受到一些触动，而这正是我值得引以为傲的事情。如果有学生要写作文，希望这本书帮助他们开阔视野。如果理科生要写论文也欢迎引用，当然我不保证教授给你判多少分。误人子弟，最多就这个程度了。

6. 宇宙很神，也因此常常被弄得很诡。你看大学门口的过街天桥，总有一些鬼鬼祟祟的人在兜售各种小册子。今后，希望其中有我这一本。

导　读

局,以形象比喻方式,仔细体验莫名其妙、匪夷所思的宇宙之大(包括宇宙之小)。事出反常必为妖。宇宙如此之大,一定具有非同寻常的意义。

第 4 章

隐秘构造 ·· 59

本章内容为宇宙的各种奇异设计。主要是暗物质暗能量之谜、宇宙结构形态之谜、黑洞之谜、物质终极本源之谜、反物质负能量之谜。科学含量较高,新知激动人心,宇宙怪相一一呈现。

第 5 章

离奇生死 ·· 93

本章内容集中揭示宇宙的起源和终结。这个问题非同凡响,科学、哲学、宗教都为之奋斗终生。宇宙大爆炸假说、宇宙暴胀假说、量子宇宙假说,包括中国八卦思想都认为,宇宙生死大问已经解决。本章细说根源。

第 6 章

鬼魅家族 **123**

本章内容集中揭示多元宇宙。我们从来没有想到,宇宙竟然是一个大家族,真正的天外有天,人类的千古幻想可能是真的。本章描述了各种有科学依据的宇宙存在,它们的形态和特征绝对令人眼花缭乱。

第 7 章

梦幻穿越 **161**

本章专门讨论时空穿越,这个话题非常迷人。前半部分介绍科学对时空穿越的认知,后半部分描述几种可能的穿越方式。这些奇异的穿越故事,必将丰富我们的浪漫梦想。

第 8 章

感伤闹剧 ·············· 195

本章揭示人类之谜。人是宇宙之魂,人类与宇宙一样古怪。本章主要描述,宇宙的存在是奇迹,地球的存在是奇迹中的奇迹,人类的存在是最高奇迹。本章还要讨论人类终结命运,最终可能求死不得,然后还要逃离宇宙。

第 9 章

寒冷深空 ·············· 227

本章揭示外星人之谜。前半部分讨论科学如何认知和搜寻外星文明,并推测外星文明的基本特性及各种可能性。后半部分讨论大众对外星文明的迷信,对 UFO 和远古外星人的一厢情愿。

第 10 章

微笑神佛 ························· 251

疯狂宇宙

THE CRAZY UNIVERSE

第 1 章

疯狂真相

"大自然不仅比我们想象的要古怪,而且比我们所能想象的还要古怪。"语出英国生理学家 J. S. 霍尔丹。差不多每一部揭秘宇宙的书都要引用这句话,讲得这么好,我把它引用在本书的开篇。

宇宙到底有多怪呢？

举个例来说吧，我们在世界上生活进化了漫长的400万年，丛林穿梭，草原奔跑，好端端地突然有人跑来告诉我们，这个世界是一个巨大的圆球。想想看，这不够古怪、不够惊人吗——南半球澳大利亚的人们为什么没有掉落，大海为什么没有倾泻，为什么啊？

千万别以为这事儿就简单。据说甚至到了近代，法国还有一位天文学家仍然声称，要我相信地球像一只烧鸡那样，绕着铁叉转动不已，那是痴心妄想。对，别糊弄人！霍金教授，一个困坐轮椅、胸怀宇宙的大科学家多次明确表示，他亲自做了实验来验证，绕地球旅行一圈真的不会掉下去。

那么现在，要是科学告诉你更多更古怪的宇宙真相——比"地球是一只烧鸡"要古怪得多——你要有心理准备。毕竟，在无尽浩渺的宇宙里，我们熟知的地球实在太渺小了，在宇宙137亿年漫长演进的历史长河里，人类实在太年轻了。

宇宙凶猛。本来，宇宙的怪事、怪物、奇迹、奇观遍地都是，比如暴烈的超新星爆发、犀利的中子星脉冲、诡异的类星体红移、狰狞的红巨星膨胀、意外的褐矮星极光，等等，无一不骇人听闻。但这些对我等非专业人士来说，大概终归还只是技术层面的物理故事。我们不谈这些。我们真正热衷的，是那些感动哲学、迷人至深的宇宙大设计。

本书推荐，宇宙十大不可理喻的疯狂真相。

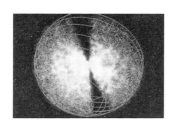

TOP 10　大尺度

我敢打赌,咱们头顶这片苍穹尺度之大,绝对出乎你的意料。

从宇宙这一头射出一束光,需要 1 000 亿年时间,才能射到宇宙另一头(不考虑宇宙膨胀因素)。你当然无法理解这意味着什么,我们将在后面亲身体验。而这还只是所谓"可观察宇宙"的横跨直径。按照宇宙暴胀假说的推测,实际宇宙之大,肯定是你做梦也想不到的尺度。究竟多大呢? 鉴于你可能还没有对 1 000 亿光年的惊人尺度建立起应有的敬畏感,我只能卖个关子,到后面才揭晓答案。

天上星星数不清。横跨我们夜空的银河系,估计拥有 1 000 亿~4 000 亿颗跟太阳一样的星星。而银河系旁边每一颗小小亮点,绝对不是小星星,而是同样拥有千亿颗星星的庞大星系。在可观测宇宙,这样的银河系有 1 400 亿~2 000 亿座。

宇宙恢宏,无涯无际。我们认识宇宙,遭遇的第一件疯狂事情就是这个。你很难想明白它为什么要搞这么大,造物主真是有病。我们也不免伤感,宇宙根本没有把我们这个蓝色星球当丁点儿事。对人类来说,太阳系就已经是天高地阔的宏大家园,我们最先进的"旅行者"宇宙飞船再飞 1 万年也出不了这个圈子。淹没在千亿颗恒星的银河系里,也还足以养育我们的深刻哲学和博大胸怀。大、还大、还没完没了地大,就叫做不可理喻了。

望洋兴叹,不知所终。

TOP 9　暗存在

信不信，我们强大的天体物理学上下求索这么多年，宇宙96%以上的东西究竟是什么？不知道。

我们熟知的所有星星和星系，都只是看得见、可观测的东西。但是，如果把宇宙货架上的全部东西拿来过磅，所有星星、星云的分量竟然只占1%，乐观点也多不过4%。完全出人意料。其余看不见摸不着的事物叫"暗物质"（占到23%）和"暗能量"（占到73%），那才是构成宇宙的主体部分。

暗物质对大群星体产生明显的引力作用，暗能量则推动全宇宙加速膨胀。它们不光肉眼看不见，射电望远镜也探测不到。科学正在努力猜测论证，是不是真的有高维度、大块头的另类宇宙星系，默默地驻扎在我们这个宇宙。你如果坚持说它们是神鬼的世界，科学家也不方便说啥。佛门高僧就有话说，那些东西回归"常寂光"了，那是佛的法身毗卢遮那如来的住处，它的形态不是3维、4维，而是0维。

暗物质和暗能量据称是笼罩在当代物理学头顶上的两朵乌云。黑云压城城欲摧。目前充满悬念，今后总有结果，我们可以期待这样的结局：或者一风吹过，最后找到与宇宙命运无关痛痒的答案，回归晴空万里；或者，竟然终于霹雳雷鸣、大雨滂沱，掀起21世纪科学和哲学的重大革命。

TOP 8　鬼打墙

　　宇宙的边缘在哪里？我们的心灵不会被宇宙的巨大尺度阻挡,我们永远惦记着要抵达天尽头,在宇宙之墙刻下"到此一游"。呃,还要翻越墙头,看一看宇宙之外什么样子。——必须地! 每每想到这种伟大的翻墙,我们都激动不已。

　　但是,超空间理论(theory of hyperspace)推测的事实是:整个宇宙是一座绕不出去的大迷宫。如果你无限执着地奔向宇宙边缘,最乐观的结果是回到原地,糟糕的结果嘛,呃,有可能发生五脏六腑颠倒错位之类的意外。这当然比"世界是个大球"还要古怪离奇和不知所以。这个宇宙,根本就没有什么天涯海角,它是我们无法理解的多维形态。这多少有点让人失望。话说回来,想伸出手去却不知能够摸到什么,如果我们难以摆脱这种不可名状的恐惧想象的话,这又是一个令人稍觉宽慰的好消息。

　　我们不在宇宙的中心,不必为君临宇宙的崇高使命感所累;当然也不在边缘,无需担心宇宙之外刮进来嗖嗖冷风。宇宙任何地方都是中心,也到处都有神秘出口。

TOP 7　无底洞

黑洞,赫赫有名的宇宙之妖。

本来,任何事情都有个限度——这很哲学。但在天不管地不收的宇宙里就不好说了,总有些家伙不遵循这种教诲,你能把它怎样! 黑洞就是这样,大量物质聚集在一起形成强大引力,强大引力再招呼更多物质聚集,如此不断加码,这个过程如果始终没有人叫停,结果将会怎样? 最终,一般情况下是引发爆炸,严重的情况下爆炸之后还要发生垮塌,成为黑洞。在我们这个宇宙,黑洞比城市排水系统的窨井还多,据科学家的观测加推测,光银河系里就至少有 400 多个,其他星系大同小异,观察整个夜晚天空估计至少可以找到 3 亿个。

参考相对论的奇异说法,这种高密度的怪物蛮劲儿之大,生生把它周边的宇宙时空拧成了一个封闭的圆圈。我们还可以这样去理解:宇宙时空虽不是易碎品,但终归还是有个限度,极度重压之下,终于咔嗒一声掰断,于是,事情的性质就变了——它从宇宙中独立出去了。从此以后,它再也不用理睬你们这个宇宙的一切物理数学法则。

这么一来,黑洞就成为宇宙一处不设护栏的断崖,断崖之外是无尽深渊。任何东西一旦跌落,万劫不复。对于一个普通个头的黑洞来说,把咱们的太阳扔过去喂它,都不够塞它牙缝。时间、光线,还有呼救声,跌进去的一切都只能在洞中永远地回旋。

更不可理喻的疯狂真相是:黑洞中心有一个奇点,通向另类世界。

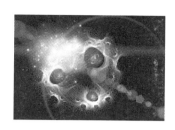

TOP 6　万维弦

我们都希望有一只终极放大镜,看看万物到底是什么东西做的。

万物的基本单元是原子,但原子里面是一个巨大的空旷世界,而且还并不是人们以为的空心球,实际上它连一个成形的壳都没有,就是一朵电子云。想想天上的云朵饱含亿万雨滴,而原子的云朵只是寥寥几颗飞舞的电子。我们执着于还原论的物理科学从原子到电子到夸克,一路坚定地穷根究底,结果在物质的最根源之处,出人意料地扑了个空——万事万物把两个裤兜都翻出来了,竟然啥都没有。

呃,只有一些神秘的弦在抖动。

每段弦的长度为 0. 000 000 000 000 000 000 000 000 000 000 1 米,约为质子大小的一万亿亿分之一。这样的弦,不是钢丝尼龙马尾,只是一股以 6 维的古怪形态抖动着的能量而已。听清楚了吗? 无影无形也无质感的能量! 因为是 6 维甚至更高维形态的弦,所以我称之为“万维弦”,但愿这个绰号流行起来。根据当代物理的最新成果超弦理论(仍然是假说)的描述,无形的弦,嘈嘈切切错杂弹,弹奏出各种亚原子粒子,弹奏出天地间的万事万物。——这,就是宇宙万物的终极本源。

“谈笑间,樯橹灰飞烟灭。”知道这个真相,不由得透心彻凉。

TOP 5   负存在

我们的宇宙,谁给了它万事万物、日月星辰? 它为什么不可以是一个一无所有的空洞?

真相是,宇宙原本就是一场空。万事万物都是宇宙从虚空中"借"来的。打个粗糙概略的比方:宇宙的左边,上衣口袋装着万物,裤子口袋装着能量;宇宙的右边,要么装的是反物质和负能量,要么是一叠厚厚的欠条账单。当代物理学正在动用各种仪器设备,努力验证这个事情。

反物质与物质阴阳隔世、不共戴天,一旦相遇就要发生剧烈爆炸,好在它们中的绝大多数已经远足未知世界,那是严格意义上的"阴间"。正如硬币都有两个面那样,我们的宇宙是不是一直拖曳着一个反物质的宇宙,不好说。科学家称之为我们这个世界的"邪恶的孪生兄弟"。负能量似乎是个例外,它就在本宇宙,与物质如影随形,就是所有物质与生俱来的引力,它令一切有分量的事物跌落回归。

宇宙不会无缘无故拥有万事万物,一定欠着等量的、负的万事万物。就是说,我们肯定有一笔债务。我们应当适当关注这些未知债务,因为江湖人说了,出来混,迟早是要还的。这当然也是一条宇宙通行的铁律。

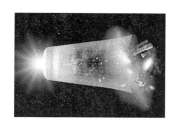

TOP 4　大爆炸

宇宙起源于一个亮点、一声巨响——嘭!

科学已经基本确认,137 亿年以前,日月星辰、万事万物、永恒的时间、无边的空间,还有我们的生命、田园、楼宇、科技、政治、诗歌、爱情、梦魇,都从一个小到极致而又无上伟大的奇点出发,以无比恢宏的气度轰轰烈烈地展开。而且,这场创世爆炸规模如此之大,烈度如此之强,到现在还没有尘埃落定。是的,我们都还飞在半空中。

你可以立刻就发现:当初,全宇宙重达 1 000 万亿亿亿亿亿亿克的日月星辰(还没算暗物质),谁有本事把它们压缩成那个比针眼儿还小的亮点?科学告诉我们,宇宙事先并没有准备装配材料,比大爆炸更加令人匪夷所思的疯狂真相是:宇宙玩的就是空手道,宇宙万物都是凭空制造出来的,从零到无穷。

人类懂事以来的最大疑问,貌似解决了。——不是!才下眉头,又上心头,这不过是使我们究竟从哪里来、要到哪里去的万古疑问,远推前移为一桩更加令人绝望的谜案。那个亮点(虽然它未必就有亮光)来历不明、动机不明,是上帝把它点燃的吗?

TOP 3　多世界

我们的宇宙不是孤独的行者。

除了一个小小的起爆点,就在我们以为宇宙的终极起源差不多都看透了的时候,理论之门洞开,忽然哗的一下子,井喷式地爆发出无数宇宙。最新的天体物理学推测,我们宇宙的创生不是一桩孤立的事件,类似的事情竟然还有很多。

我们曾经以为脚下这颗蓝色的小行星就是世界的全部,日月星辰不过是天穹上为我们点亮的灯盏。现在我们意识到,不仅太阳、地球微不足道,即便眼前这个浩瀚无边、无远弗届的浩大宇宙,居然也仅仅只是万千宇宙中的一粒渺小尘埃。思考这个奇异景象,你需要深呼吸。

多元宇宙有 9 种类型之多,每一种都包含一个宇宙族群,有的族群多达 10^{500} 个款式各异的宇宙,甚至无穷。而且,虽然目前未经证实,但它们都极有可能是真实存在。现在你要问到底有没有天堂地狱,科学还真的无法回答,因为这些形形色色的多元宇宙,绝对稀奇古怪到人类理性无法想象的地步,有的可能比天堂舒服,绝大多数比地狱严酷。

宇宙大爆炸,结果是除夕夜晚根本无法辨认清楚的普通一响。

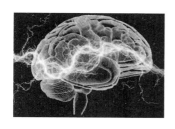

TOP 2 × × ×

此项暂缺。

迄今为止,这个宇宙连同它的亿万家族,还没有任何足够神奇的奥秘,能有资格如此接近 TOP 1。尽管我们已经窥见太多非凡秘密,我们的心灵依然漂浮在焦躁和迷惘的浓雾之中。一定还有什么更加本源的真相藏匿深空。至少有两个候选项,我们必须严肃对待:

选项 A:外星人吗? ——它们是强悍无敌的变形金刚,还是不可捉摸的鬼魅一族? 科学的推论是,肯定都有,没有才怪。但令人害怕的是,我们还没有发现它们。而且我们不知道欢迎词该怎么写,或者我们是否应该及时递上臣服降表。

选项 B:大梦一场? ——会不会我们的宇宙、我们的文明、我们的一切的一切,不过是一场宏大的电子游戏? 对此,我们的科学期期艾艾地说:"不。呃,也许吧。"如果真是这样,它要改为 TOP 1。或者根本不要排序了,就此一个无比欢乐、无限惆怅的总结局。

这是诡异的、天大的秘密。它的现身不会太快但也不会太久,即便一万年,我们等着。

TOP 1　思想者

"我"、人类、思想者、智能生命,永远是 TOP 1 的疯狂真相。

不论卓绝抑或卑微,我们就在当下,我们还生活着。如果,宇宙创生以来的这 137 亿年算作"造物主"的一年时间,那么,春夏秋冬,四季流转,漫长一年都已过去的最后一天的最后 8 分钟,地球智能生命登上舞台。开山、砍树、挖矿、建楼、爆破、炼油……短短 8 分钟,就把一颗蓝色星球搞得乌七八糟。伴随着叮叮当当的新年钟声,身材矮矬、体质孱弱、行动迟缓、情绪波动的它,居然爬上了另外一颗星球。

它窥见了宇宙创生时最初一刹那的场面,而且它似乎已经透过至少 10^{90} 颗粒子周密布置的坚实场景,看穿造物主设下的巨大幻影。它甚至还在琢磨,要不要在这个宇宙戳一个洞,或者动手为自己再造一个宇宙,有朝一日从 4 000 000 亿个恒星系的汪洋大海里逃逸出去。

它苦于无法彻底搞清楚自己的来历和存在理由。在无尽黑暗的太空深处,它一双时而锃亮、时而迷惘的眼睛,永远在打量着这个疯狂宇宙,两个疑问永久地漂浮深空,令"造物主"背脊发凉:

(1)这是哪?

(2)我是谁?

深邃的星空
暗物质暗能量
魔幻的时空结构
神秘的黑洞
万物如露如电
反物质负能量
创世纪的无中生有
宇宙鬼魅家族
人类是孤独的吗
我是真实的吗
我为什么会存在

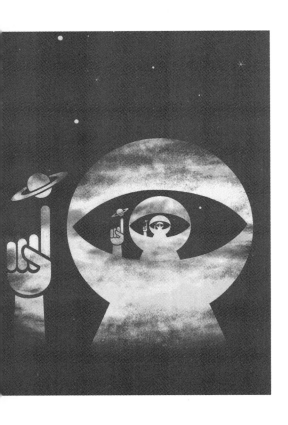

第 2 章

古 怪 科 学

它要是不疯狂,都不好意思叫宇宙。

而你要是不疯狂,就肯定看不懂宇宙。

本书谈论宇宙，依据的是科学。最近一个多世纪以来，我们的科学吃惊地发现，宇宙如此古怪，而且越发古怪，以至于人类的认知体系，从经典物理到相对论、量子理论，再到超弦理论，物理科学大厦不断坍塌，又不断重建。

我们快速了解一下科学怎么看宇宙。科学的具体内容我们无须懂得太多，知道 ABC 足矣。考虑到许多读者可能比我更害怕唬人的理论，为避免打瞌睡，我给这几个理论都起了容易理解并方便记住的绰号。下面是这五个伟大理论的故事。

1　精美靠谱的经典物理

对呀，必须地！

三百多年前，一只红得发紫的苹果砸在艾萨克·牛顿爵士头上，砸出了不朽的万有引力定律。苹果落地这事儿，从宇宙视野看去，竟然是一个岩质大星球与一个水果小星球的天际碰撞。以三大定律为代表的经典物理，卓有成效地描述了一个亲切熟悉、善解人意的宇宙。

A. 万物构成是清楚的、确定的。

B. 万物运动是有规律的，规律是可以计算的。

C. 宇宙就是一座大机器，但开关钥匙在上帝手中。

要注意，从那时起，科学家与神父无可争辩地分享了对宇宙的解释权，人类可以不再靠宗教神话而是靠物理方程和数学公式，来理解和预测世间万物，而且相当有底气，人类对自身的理性树立起前所未有的坚定信心。宗教自知理亏，也不好意思动不动就点火烧人了。这是多么地不易！我们应当注意的是，这个理论成功地帮助我们造就了工业革命以来的几乎所有创造发明，"今天，每一座摩天大楼、每一座桥梁和每一枚火箭都是按照牛顿的运动定律建造的"。

经典物理如此强大和精致，以至于科学家们一度感到，人类对世界的认识已臻完备，他们快要没什么正经事可干了。就连上帝也接近于多余，他只需要在创世时拧紧发条，这个宇宙就像一座没头没脑的巨无霸流水线机器，按照经典物理的三大定律喊哩咯喳、叮铃哐啷自动运转下去，再也不会差错一步，这是必须地。

为此，物理科学准备功成身退，物理学家纷纷收拾书包要回家了。德国科学家马克斯·普朗克，后来成为量子力学重要奠基人的物理天才，年轻时候还为要不要投身物理科学而犹豫，他的物理老师建议他学习音乐，因为物理已经没有什么创新前途，只有两个小小的问题没有解决而已（幸亏普朗克没有改变主意，全世界都要感谢他的固执）。1894 年，诺贝尔物理学奖获得者阿尔伯特·A.迈克耳孙甚至说，今后的科学发现，要在小数点 6 位之后才会有所建树。据说他是转述英国著名科学家汤姆孙·开尔文勋爵的话，这不奇怪，因为开尔文曾宣称任何比空气重的机器都不能飞。我们还要注意，大科学家说这些昏话的时候，人类连收音机这种低端家用电器都还没有见过。而普朗克老师说的两个小问题，竟然正是引爆下面两个伟大理论的导火索。

后来我们还知道，这上帝拧紧发条的"第一推动"到底有还是没有，绝对不是一件简单的事情，终归是搪塞不过去的。宇宙的古怪被严重低估了。经典物理不仅不是巅峰，它甚至顶多只能算作起点。

是的，真正小儿科。

2 怎么也想不明白的相对论

天啊,真的吗?

进入 20 世纪,一束想象中的、没有来得及逃离的光线砸在阿尔伯特·爱因斯坦头上,砸出了伟大的相对论。这个理论为我们揭示了一个前所未见而又不可思议的宇宙真相。

A. 质量和能量可以相互转换。

B. 时间空间是错觉,空间可以扭曲拉伸,时间可以膨胀压缩。

C. 你只要一动,就能穿越到未来。

我猜,科学第一次让神话大吃了一惊。这是一场颠覆性的认知革命,经典物理的殿堂,被歪歪扭扭的相对论大厦遮住了昔日的光芒。经典物理并没有错,相对论只是以更为精准和深刻的理性,认识了更为全面的世界真相。英国皇家学会主席 J.J. 汤姆孙宣称:"这是人类思想史中最伟大的成就之一。它不是发现了一个孤岛,而是发现了整个新科学思想的大陆。"相对论以其深刻理性,严重动摇人类根深蒂固的直觉和常识,它不仅是对宇宙真相的追问,更是对人类认知能力天然缺陷的外科手术。这也导致理论物理从此远离大众,若非经过严格的数学训练,一般人轻易就要迷失在相对论的梦幻时空里。我本人试了多次,果然,脑瓜子一阵乱响,到最后无劳而终。想一想,如何让一个从来不知万有引力为何物的人,相信这世界是个大圆球吧。

相对论几乎已经成为深奥科学的代名词,爱因斯坦则成为最聪明的地球人的代名词。仅举一例,奠定相对论地位的第一战果。相对论认为,由于有物质的存在,物质的"挤压"会导致空间和时间发生弯曲,而引力场实际上是一个弯曲的时空。在引力场中,光不是沿着直线,而是沿着曲线传播。当从一个遥远星球上发出的光在到达地球的途中经过太阳的时候,应当由于太阳的引力而弯曲,因此,这个星球看起来的位置与实际不符。这就是天文学上著名的"引力透镜"效应。爱因斯坦计算其偏斜弧度应当是 1.75 角秒。他建议,可在下一次日全蚀时,通过天文观测来验证这个理论预见。英国著名天文学家爱丁顿爵士主张认真试一试,1919 年,两个天文考察队在日全蚀时分别在巴西和西非进行实地观测,测得的光线偏转度竟和爱因斯坦计算的非常一致。世界为之轰动。

关于相对论的传奇故事很多,最流行的故事说,当初有记者问爱丁顿:"据说整个世界只有三个人懂得爱因斯坦的理论。你必定是其中之一。"爱丁顿默默站着没有说话。于是记者说:"别谦虚了,爱丁顿先生。"爱丁顿耸耸肩膀说:"根本不是,我是在想谁可能是第三个人。"真是一段脍炙人口的佳话。这个故事的启示是,我们的思维需要进行全方位的更新换代,使之变得跟这个新发现的世界景观一样古怪。再挑明一点说吧,我们的脑袋需要进化。自从相对论问世以来,总有无数科学家和非科学家以颠覆它为奋斗目标,时不时就有一些超强大脑的人,也包括一些连中学物理都没读过的人,宣称自己证明了它的错误。

现在我们确信,相对论不是江湖骗术。$E = mc^2$,一个可以印到文化衫上的时尚公式,虽然只有寥寥几个字符、几厘米长,却闪耀着令人惊叹的理性光辉。后来,原子弹和氢弹的蘑菇云,从一个侧面雄辩地证明了它无与伦比的巨大能量。虽然大炸弹并非通过相对论计算出来的成果,但它确实开启了 20 世纪以来的科技革命,使之摆脱蒸汽机车的粗大笨重和齿轮发条的僵硬步伐,迎来突飞猛进的繁荣发展。就连科幻也插上了强大的翅膀,从冷兵器时代的打打杀杀,到核武装时代的星球大战,从妖魔鬼怪巫师作法,到外星智能时空穿越,令人目眩神迷的科幻,把所有陈腐老套的神话故事废黜为垃圾。

3 明摆着无法让人接受的量子理论

扯吧,不可能!

就在相对论大放异彩的同一时代,更加惊世骇俗的量子理论幽灵般崛起。这个理论专门研究比原子还小若干亿亿倍的极端微观世界,在那里,一些诡异现象公然挑战人类认知底线,动摇我们与生俱来的理性和逻辑。

A. 宇宙时空结构其实是有眼儿的网兜。

B. 知道一颗粒子在哪里,就无法知道它的速度。反之亦然。

C. 看来,宇宙之外,还有宇宙。

要向大众讲清楚量子理论,到目前为止,相信我,几乎是外星人才能做到的事情。拿一万只苹果砸向你脑袋也砸不明白。以它最具代表性的"海森伯不确定性原理"为例:"一个微小粒子在某个地方呆着,同时——不是说时迟那时快,就是同时——这个微小粒子又在另外一个地方呆着!"真的很扯,没办法,这就是精华版的量子理论。世界的真相,至少在我们几百万年的进化史上,在我们从来没有窥见过、今后也见不着的微观世界里,事实就是这个样子。

量子理论是稀里糊涂降世的,就像造物主托梦一样。它如此古怪奇特,以致令最具创新精神的科学家惶恐不安,感到整个世界都"仿佛建立在流沙之上"。美国著名量子理论科学家理查德·费曼说:"有一段时间报纸说,只有12个人懂得相对论。我不相信曾经有过这样的时候……但是我相信我可以有把握地说没有人懂得量子力学。""从常识的观点看,量子力学对自然的描述是荒谬可笑的。但是它与实验完全吻合。因此我希望你能够接受自然是荒谬的,因为它确实是荒谬的。"费曼是爱开玩笑的人,但在这个事情上他是非常认真的。好比他揭示了惊人的事实真相:地球不仅像转动的烧鸡,而且这烧鸡还能拍拍翅膀飞起来!然而没人明白怎么回事,他看在眼里,急在心里。

比相对论更加过分的是,从量子力学开始,物理科学进入到必须并且只能用数学公式来说话的时代。往往是还没有谈论任何具体事情,复杂的计算已经大面积展开了。即便是他们最努力的科普文章,也恨不得不再使用文字,整篇整页地堆放各种稀奇古怪的字母、数字和符号。你要多问几个为什么,他们一定会说:呃,这个事情嘛,你瞧,它的方程式非常漂亮(如下式),计算过程是这样的……

$$\frac{d}{dt}\int_{-\infty}^{\infty}\psi^*(x,t)\psi(x,t)\,dx = \int_{-\infty}^{\infty}\frac{i\hbar\partial}{2m\partial x}\left(\psi^*\frac{\partial}{\partial x}\psi - \psi\frac{\partial}{\partial x}\psi^*\right)dx$$

$$= \frac{i\hbar}{2m}\left(\psi^*\frac{\partial}{\partial x}\psi - \psi\frac{\partial}{\partial x}\psi^*\right)\Big|_{-\infty}^{\infty}$$

奉上大名鼎鼎的、人们戏言连薛定谔自己都搞不懂的薛定谔方程式。这一款名为"含时薛定谔方程导引之总概率对于时间的导数",极具视觉冲击力。本方程式对于那些坚持逼迫科学家解释清楚 TOE(详见后文)的读者,先来一个下马威。方程式仅供欣赏,不推荐读者自行推导。顺便向方程式作者及所有看得懂的人表示敬意。

我们还要注意,量子理论大厦不是一两个天才科学家靠奇思妙想一举创立的,而是在一大批天才科学家长期的激烈争吵中,摇摇晃晃地建立起来的。你可以想见这事儿多么复杂、多么别扭。爱因斯坦就是这个理论的奠基人之一,但实际上他又始终是这个理论最坚定的反对者之一。这是一个极具讽刺意味的意外。他当初对这个荒唐可笑的理论十分恼怒,在叫喊"扯吧,不可能!"的人当中,他肯定是最大声的一个。他(Einstein)与另外两位科学家(Podolsky 和 Rosen)专门设计了一个著名的"EPR 实验",本意是为了驳斥量子理论,实验结果却得出与预期相反的结论,反过来有力地证明了量子理论的正确。

唉,爱因斯坦到死都搞不懂的东西。

　　有多少人知道，正是在科学家们的争吵中，量子理论帮助我们拥有了激光、半导体、集成电路芯片、核磁共振、微波炉、计算机……这些东西的任何一件，要放到以齿轮和弹簧驱动的牛顿时代，都是不可思议的天赐神器。据说，美国30%的国民生产总值都依赖于量子理论的各种应用，这个话可能还真的不算夸张。

4 据说是猜透了造物主心思的超弦理论

什么,到头了?

相对论和量子理论,分别从宏观和微观两个方面解释我们的世界,成为当代物理科学两大重要基石。但是,两个都正确的理论,揭示的却是两个矛盾的世界真相,各说各话,互不相容,这让全世界科学家无法忍受。"既生瑜、何生亮",它们必须在一个更加广阔的理论体系里实现统一。后来,超弦理论掀起一波又一波新的理论革命,从目前情况看,它似乎已经(准确地说,是最有希望)成功地把两个矛盾的理论拼接到一起。

这个过程有太多智慧和艰辛的故事,眼见就要修成正果了。科学界苦盼多年,准备给它戴上"万物至理"的桂冠。Theory Of Everything,大号 TOE,绰号"脚趾头"。它应该是统一了经典物理、相对论、量子理论、弦理论的一个全新套装。这个 TOE,正在以常人看来不可理喻而又不得不信服的方式,论证宇宙的疯狂。

A. 万物最基本的组成单元,是琴弦振动的音律。

B. 世界是许多时空维度编织的大网。

C. 万事万物,无中生有。

宇宙,就是造物主(呃,宇宙自己)导演的一场梦幻乐章。

由于这个理论体系更加复杂玄妙,它还来不及完成自身多套理论的统一,甚至还没有一个确定的、用正规文字词语来表述的名称,什么杂弦理论、M 理论,等等,没有一个听上去让人稍微感觉正常一点,更没有相对论那种 2 厘米长短的精美方程式。M 理论这个名称,本意是取自 Membrane(膜),但因为它神奇惊人,被热情的人们冠以各种高级头衔,例如,Magic(魔术理论)、Mystery(神秘理论)及 Mother theory(源母理论)。新的理论物理体系还有什么"标准模型",什么"大一统"理论,等等。我们的非专业读者不用理会这些,记住 TOE 就够了。

为什么这么曲折费劲?英国科学家彼得·阿特金斯在《伽利略的手指》一书中道出苦衷:"任何终极理论,如果存在的话,就很可能是对世界基本结构的纯粹抽象的描述,一种我们或许能够拥有但却无法理解的描述。"你看,明摆着说不清楚。

注意——万物至理!前面迈克耳孙的教训还不够深刻吗?我们不会相信,但可以暂且不去介意。人称世界上最权威的终极理论倡导者、美国科学家史蒂文·温伯格,在他的《终极理论之梦》一书中说:"终极理论只能在一个意义上说终极——它把某一种科学探索引向终点:那是一种古老的探索,探索那些不可能再有更深层次原理来解释的理论。"我们可以理解 TOE 的本意是,物理科学体系里最基本的若干问题已经全部解决,至少,已经掌握了解决问题的思路和原理。

事情是这样的:几百年来,科学发现的秘密越来越多,上帝从万事万物的导演地位步步退却,原子自主生成,生物自动进化,地球自己转动,日月星辰也在各自的轨道上按照科学方程式运行了,就连麻烦上帝启动宇宙的"第一推动",都简化为划根火柴点燃一颗小小的奇点。为此,霍金写了一部科普著作《大设计》,书名 *The Grand Design* 就透露出信心满怀,气势磅礴。霍金认为,现在有了 TOE,拧紧宇宙发条的自然动力已经找到,宇宙大机器也不需要谁来时不时的抹点润滑油,万能的上帝竟然是啥也没做的看客。

这个理论忠实地继承了相对论的别扭和量子论的荒唐。它的最诡异之处,不仅在于它那些匪夷所思的论断内容,更在于它霸气十足的论证过程:**无论它看起来多么古怪,也无论你有没有想明白,毫无疑问,它就是正确的**。量子力学标志性人物、奥地利理论物理学家薛定谔曾经在记者招待会上回答提问时说:"我相信我是对的。假如我错了的话,我岂不成了个十足的傻瓜。"你听听,这也算科学证明讲道理吗？都语无伦次了。据说，据当代大多数物理科学家说，依据这个理论所作的大量预测，几乎都以令人吃惊的、一百亿分之一以内的精确程度，统统得到了验证。它，其至被誉为人脑有史以来提出的最成功的理论。

我们的科学步步走向不可思议的云雾深处。即便这样，我们真正需要担忧的仍然不是科学的疯狂，还是人类的无知。英国生物学家哈尔登说，理论被接受要经历四个阶段：

（1）这是没用的废话。

（2）这很有趣，但是不合理。

（3）这是真的，但无足轻重。

（4）我一直都这么说。

5 预言一二百年内必将创立的×××理论

好吧,重新来!

"当终极启示来临,我们会为之前的幼稚瞠目结舌。"

彼得·阿特金斯这句话,本来是赞美 TOE 的。他是想说,TOE 一旦大功告成,将为人类揭示一个颠覆性的全新真相。窃以为,窃谨慎地以为,TOE 如果登顶,将意味着它自己的结束以及另一个全新理论的开始。应该在那时,我们才会真正地为 TOE 的幼稚瞠目结舌。

读者明鉴,这不是庸俗的物极必反论调。因为,经典物理登顶时我们并没有感受到这样的强烈暗示。更主要的是因为,TOE 说到根儿上,还是知其然,不知其所以然,我预计它无法摆脱这种纠结。它的信心源自于"自洽"(通俗而言就是"自圆其说")。这种自洽,基于数学上的先验合理和事实上的后验真实。它能够坚定地确认"事情本来就是这样",却拒绝回答"事情为什么是这样"的问题,我们怀疑,巨大的隐秘真相近在咫尺。再苛刻一点说,它虽然统一了经典物理、相对论、量子理论、弦理论等迄今为止人类创造的所有物理科学,但并没有统一哲学、宗教和常识。而我认为一个真正解决宇宙终极奥秘的理论,应当能够有力地拯救我们那些猥琐不堪的哲学、宗教和常识。

从另一个方面看,更加严重的困难问题在于,许多人的心灵深处都有一个"硬核式信念":人类理性不可能掌握认识宇宙的终极真理,这相当于人不可能揪住自己的头发把自己拎起来。霍金关于"哲学已死""宇宙的创生不需要上帝"的豪迈论断,就招致宗教界包括科学界内部的强烈批评。中国《环球》杂志一篇题为《霍金 VS 上帝:谁通往终极真理?》的报道,记录了几个中国科学家自己的或者转述的各种批评意见。批评者认为,霍金关于 M 理论解读宇宙的思想是一个科学主义的典型例子。科学主义者通常认为,科学是通往认知的唯一途径,我们将完全理解所有事情。参与讨论的科学家引用罗塞尔·斯丹德的话:"这种说法是胡说八道,而且我认为这是一个非常危险的说法,这使得科学家变得极其傲慢。宇宙因为 M 理论而自发生成,那么 M 理论又从哪里来的呢?为什么这些智慧的物理定律会存在?"可见,TOE 即便要说服科学自己,都还是一件很悬的事情。

我还有责任要提醒非物理专业的读者,目前 TOE 处境微妙。

最新的情况是,理论物理科学这些年确实裹足不前,据说是卡在了似是而非的"量子引力理论"上,迟迟没能突破。我们没有必要深究何为量子引力理论,但记住这个词语有个好处,今后一旦新闻报道说,地球人在量子引力理论方面实现了突破,你至少知道它具有多么巨大的轰动意义。美国科幻大片《星际穿越》就说了,由于量子理论与万有引力没有统一,地球人无法找到摆脱灭绝危险的科学方法。电影主角库珀先生穿越到未来,为了帮助女儿,他又勇敢地跌入黑洞里的五维时空,借助引力的时空穿透功能,拨动女儿的手表指针,向她传递先进的科学信息,人类得以把人造家园搬到太空。那个信息显然就是量子引力理论,TOE 的最后一道难题。

真是好事多磨,难道走错了方向?美国科学家 L. 斯莫林 2005 年的新著《物理学的困惑》充分表达了这种忧虑,他说,弦理论问世 30 多年,理论物理竟然没有取得任何重大进展,这几十年,大概是"自 400 年前开普勒和伽利略从事物理学以来最奇异、最令人沮丧的几十年"。情况看来不妙,集中大量聪明脑袋辛勤探索的、雄心勃勃的 TOE 可能失败了。

TOE 来了,或者竟然没来,全新的、巨大的科学革命还会远吗?

根据相对论,所谓过去、现在、未来都是人类主观意识里的幻觉。因此,我把这个还没有面世的理论,莫名其妙地摆在这里,代号×××,具体内容不详。那些曾经或者准备穿越到未来的读者,或者你们有库珀那样前往虫洞黑洞一番复杂穿越的父亲,那么你们会懂的。我的福气就差一点,只能做到这一步了。

6　暧昧的科学，微笑的神佛

　　我们注意到，非常奇怪的是，当今最先进的物理，从巫术中进化而来、渐行渐远的科学，已经证明上帝为多余的科学，貌似却要回归八卦了。真是始料未及。

　　新晋的这个万物至理，不治病，不镇痛，不帮助我们解决喝凉水都塞牙的倒霉运气，也不帮助我们抚平忧虑、惊惧、空虚、孤寂的心灵。非但如此，它的测不准原理、非定域性原理，等等，还以科学理性的名义，为这个多事的世界平添了许多扑朔迷离、不可捉摸的唯心主义色彩。它描述的多重宇宙，看上去比那些关于来世今生、地狱天堂的神话故事还要暧昧文艺。似乎，上帝在科学的步步追逼之下，率领诸神兜了一个大圈，又返身包围了科学。

　　科学自己也愕然，科学家们世世代代辛苦攀登，到得顶峰，却见诸神几千年前就已端坐于此、拈花微笑。有的科学家悲凉地发现，他们怀着 Theory Of Everything（TOE）的愿望，迎来的却是 Theory Of Nothing（TON），他们的努力看起来更像是"在方程式里寻找神的存在"。近些年，台湾大学校长李嗣涔就坚定地宣称，差不多正是当代物理而非别的，证明了神佛灵的真实存在，他还亲自做了一些耳朵听字之类的实验。

　　这怎么说?!

　　特别地，东方文化为此兴奋起来了，而且看上去还有点着急，急于做科学的导师。中国科学院院院士朱清时有一篇文章叫《物理学步入禅境》，思想深刻，见解独到，网络点击率很高。我理解他的重点是说，当代物理探究物质本源，希望找到硬邦邦、光溜溜的"原子"，真正的原始粒子，最后都追踪到虚空了，原始粒子竟然根本不是实实在在的"东西"。而且，它们还像精灵一样看不清、抓不住、搞不懂。这就印证了佛家《金刚经》所说的"一切有为法,如梦幻泡影,如露亦如电,应作如是观"。所以说,唯物主义面临前所未有的深刻挑战,特别是它的实在论,看上去处境荒诞,根基动摇,即便不能说它错了,至少说它需要重新定义。朱清时还引用了 20 世纪德国哲学家施太格缪勒在《当代哲学主流》一书中的一番话:

> 未来世代的人们有一天会问:20 世纪的失误是什么呢?对这个问题他们会回答说:在 20 世纪,一方面唯物主义哲学(它把物质说成是唯一真正的实在)不仅在世界上许多国家成为现行官方世界观的组成部分,而且即使在西方哲学中,譬如在所谓身心讨论的范围内,也常常处于支配地位。但是另一方面,恰恰是这个物质概念始终是使这个世纪的科学感到最困难、最难解决和最难理解的概念。

这段话到底什么意思?是说唯物主义露怯了,物理科学要遁入空门?窃以为,物质是虚幻的,不等于人类理性是虚幻的,有人可以因为"色受想行识"照见五蕴皆空而修炼一副好脾气,但没有人会因为氮氧原子是虚空的就拒绝呼吸。如果我们的物理发现万事万物真的如梦幻泡影,那也是人类理性通过艰苦努力获得的认知。而且我还愿意特别地强调:**即便人类理性最终发现它自身也是虚幻的,那也并不证明任何自许早就暗中掌握世界终极奥秘的东西,可以比这个虚幻的人类理性更为可靠,更值得我们敬重或者信仰。**

我们努力要追求真相。我们不可能发现全部真相,我们更多的发现,总是暴露我们更大的无知。普朗克说:"科学不能解答自然的最终秘密。这是因为归根到底我们自己也是我们要解答的秘密的一部分。"这句话深刻表明,人类理性终归是有限的。但那又怎样呢?我相信爱因斯坦那句深刻的哲理名言:

> 这世界最让人难以理解的事情是,它竟然是可以理解的。

因为,我们愿意以永不停步的探索,应对现实存在的无限真相。以无限应对无限,在我看来,这不单纯是愚公移山式的不自量力。我们并不指望人类会有洞悉大自然所有秘密的那一天，但可以确信，我们的理性也没有终于要枯竭的一天。换一个说法，人类理性真正厉害之处，不在于它今天已经懂得了许多，也不在于它明天还能够懂得更多，而是在于，它总是能够做到今天比昨天懂得多一些，更在于它在这个永无止境的过程中，永远不会停步。

我们目前的科学探索和它已经取得的成就，就在不断地为人类理性增加信心。美国科学家兼科普作家加来道雄说："对物理学家来说，对于一位宇宙起源和命运的探索者来说，一个伟大的时代即将来临……我们正处于有史以来一些最伟大的宇宙发现和技术进步的巅峰。"唯独令人深感遗憾的是，当代物理离开常人的思维已经越来越远，今后，知道宇宙奥秘的科学家，可能像当初独掌宇宙解释权的巫师神父那样，从人群中独立出去。更让大众难以接受的事情是，在物理科学的前面，还有数学在向着更加深奥的天地，艰难而倔强地前行。我们越来越怀疑，数学极有可能是从其他宇宙引进来的异种，是造物主缔造世界时，随箱配送的使用说明书。

公式硬如铁，读得满嘴血！那些古怪的方程式简直就像神的符咒。今后孩子们问宇宙到底是什么，难道说，我们只能默默地递给他一个曲里拐弯、重重叠叠、佶屈聱牙的方程式（比如前面的薛定谔方程式那种），就像藏传佛教凝聚终极奥妙的六字大明咒：唵嘛呢叭咪吽？

宇宙大设计，我们真的明白了吗？霍金说："如果我们的确发现了一个完备理论，那么它在主要原则上最终应当被所有人而不仅仅被少数几个科学家所理解。接着，我们所有哲学家、科学家还有普通人都将参加我们和宇宙为什么存在这个问题的讨论。如果我们找到了这个问题的答案，那么它将是人类理性的最终胜利——因为从此以后我们将了解上帝的心智。"他本人为此非常努力，写了一部才华横溢的《时间简史》，前面这段话，正是此书振奋人心的结束语。书中没有八卦故事，没有谋杀枪战，销量排行竟然仅次于《圣经》和莎士比亚的著作。它还被誉为世界上"最畅销、可是又最没人读"的科普著作。由此可见，大众对宇宙终极奥秘的好奇之心，焦虑着急到了什么程度。

　　我仍然确信,总有一天,我们将像知道世界是一只转动的大烧鸡那样,清晰如常识般听懂 TOE 那些鬼话(嗯哼,谁说不是呢)。我也坚定地认为,应当很快就会有"好吧,重新来"理论,能够确切地说服我们的哲学、宗教和常识,在我们的心灵与世界的真相之间建立起可靠的桥梁,使人类有力量从江湖术数设下的庸俗泥坑,从歪理邪说蛊惑的廉价信仰中摆脱出来。那,也许才真正是霍金所说的,人类理性的最终胜利。

7 仰望星空，我们莫名激动

星空的浩瀚何止千万里，星空的静谧何止千万年。它离我们的现实是那么的远，以至于，它离我们的心灵是那么的近。

中国古代诗人陈子昂独自一人登上古幽州台，那种地方高于市井，抵近苍穹，他待在那儿琢磨一些虚头巴脑的事情，想着想着，就莫名其妙地把自己弄哭了——"前不见古人，后不见来者，念天地之悠悠，独怆然而涕下。"我还愿意在醒目的地方，引用网络贴吧里随意浏览到的一段话，不知道是谁说的，但我相信是很多普通人说过的话："小时候我仰望星空，真的会泪流满面，喃喃的说句'我来晚了'。其实是被那种广阔无垠震撼到了。直到成年，和我弟弟在聊到宇宙话题时，我俩依然有汗毛起立的恐惧感。"还有中国当代著名科幻作家刘慈欣说的话："我一直认为，人类历史上最伟大最美妙的故事，不是游吟诗人唱出来的，也不是剧作家和作家写出来的，这样的故事是科学讲出来的。"我还要跟读者分享，美国国家地理频道 2008 年出品的纪录片《旅行到宇宙边缘》，令人窒息的华美，刻蚀人心的震撼，我个人觉得比任何科幻大片都好看。我是想说，管它 TOE 也好，TON 也好，而今我们比古人更多地有幸见证，宇宙万象无比惊艳。

我们走遍千山万水，阅尽世间百态。我们的思想和心灵也渴望背上行囊，远足深邃太空，游历璀璨星辰。

■ 小结

本书真正的主讲,就是最新科学成果 TOE。

我们带着好奇心来看宇宙,没有志向深入物理科学。但有必要搞明白,科学将如何给我们谈论宇宙。为避免读者不明不白地迷失在 TOE 的疯狂语言系统里,这里以科普的简洁方式,预先提示它的三个基本特征,我把它们命名为"科普 TOE 三大古怪定律"。我是严肃的,如觉荒唐,敬请科学家和读者息怒。

(1) 不确定定律:我们不可能知道事情的全部。

(2) 不实在定律:我们知道的全部,都是我们的错觉。

(3) 不可说定律:谁也无法说出他知道的真相。

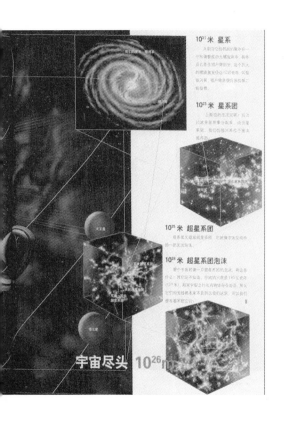

10²¹ 米 星系

太阳以它的轨迹处在聚中在一个尺度整整浩浩荡荡布,其中,恶心星是银河螺旋浩然浩,这个尺寸大的螺旋是直径约10万光年,所属恒星系,银河确是银河系的第二明星臂。

10²³ 米 星系团

上图内外浩浩浩安浩,以上以浩多星条事浩浩聚,这尺度尺团,我们的银河浩浩浩浩浩的在尺团。

10²⁵ 米 超星系团

超星就是超浩浩浩浩,它就像浩浩浩的浩浩浩一浩浩光泡泡。

10²⁶ 米 超星系团泡沫

整个宇宙就浩浩一片浩浩浩浩的泡浩,这当尺浩?我们浩浩浩浩,宇宙浩浩浩浩浩浩浩(10^{26}米),就是宇宙浩浩浩有浩浩开浩浩浩,所以它浩浩浩浩浩本本浩浩浩的浩浩,所以我们浩本本浩不浩到它门。

宇宙尽头 10^{26}m

第 3 章

浩 大 尺 度

"比大地更广阔的是海洋,比海洋更广阔的是天空,比天空更广阔的是人的心灵。"——不见得。我们是不是应该先看一看,天空到底有多大?

巨大,几乎是宇宙最重要、最基本的特征。

还记得我前面打的赌吧,宇宙究竟有多大,你肯定不知道。我索性再打一个冒险的赌,别说全宇宙了,就算咱们熟悉的太阳系,你都不大可能想到它竟然那么巨大。

1 空旷太阳系

人类最快的飞船一万年都飞不出去。

太阳是全宇宙我们第一个认识的恒星。太阳系很大。

美国科普作家比尔·布莱森的畅销书《万物简史》特别提醒说,我们的各种教科书,描述太阳系的示意图都是有问题的,不要上当。这些插图画的太阳系常常像一个比萨饼,中间镶一颗草莓就是太阳,周边摆布着几粒杏仁、桃仁就是行星。那是我们从小就刻在脑子里的图画。大概意思没错,但尺寸严重不对。按照真实比例,如果把地球画成一粒豆子大小,土星就必须画在 300 米开外。要画冥王星,那得打个的士跑到 2.5 千米以外,而且还无从下笔,因为它跟一个细菌一样大小。

请看清楚,这幅插图有多大。在我们的常识中,描述地球和太阳尺度的数字十分巨大。而描述宇宙的天文数字不仅巨大,而且巨大到抽象枯燥,巨大到相当疯狂。布莱森说:"这个我们知道而且在谈论的宇宙——直径是 1.5 亿亿亿(即 1 500 000 000 000 000 000 000 000)千米。"这就是宇宙的天文尺寸。

这个尺寸到底意味着什么,我确信绝大多数人是麻木的,只能呆呆地望着这一长串的 0,没有任何清晰具体的认知概念,没有任何形象感知。为了表述宇宙异乎寻常的巨大尺度,科学家使用了"光年"概念。光,奔跑一年,大约跑出去 10 万亿(即 10 000 000 000 000)千米。麻烦的问题是,我们实在难以找到感觉:光,不是说照哪就照哪儿吗,难道它能像箭一样在宇宙中奔跑? 光阴似箭,谁见过光迎面呼啸而来的箭头? 电影《功夫》火云邪神抓住了手枪子弹,然后骄傲地说:"天下功夫,无坚不破,唯快不破。"你把手电打过去试试,他躲得过吗? 1 秒钟之内,光的箭头从他眼前飞出去,飞越七大洲、五大洋,绕着地球再飞回来,已经嗖嗖地飞过了 7 次。

这是飞 1 秒钟,那要不停地飞上 1 年呢?

刚才说的宇宙直径,换算一下,是 1 000 亿光年。这个数字,细想依然大得无聊,我们还是找不到感觉。关于太阳系,网上有人另外作了一番形象描述,帮助我们对天体尺寸再来一次脚踏实地的体验。

> 太阳比喻为一个直径 1 米的红灯笼。
> 水星是距离这个红灯笼 42 米开外的一个小绿豆。
> 金星是距离这个红灯笼 78 米开外的一颗豌豆。
> 地球是距离这个红灯笼 107 米开外的又一颗豌豆。在距离这个豌豆地球 27 厘米的地方,飘有一颗油菜籽大小的月球。
> 火星是距离这个红灯笼 164 米开外的一个稍大一点的绿豆。
> 木星是距离这个红灯笼 560 米开外的一个稍大一点的柑橘。
> 土星是距离这个红灯笼 1 千米外的一个柑橘。
> 天王星是距离这个红灯笼 2 千米外的一个核桃。
> 海王星是距离这个红灯笼 3 千米外的另一个核桃。
> 大概要到 12 千米外,才是太阳系核心圈子的边缘。

我也算了算。如果把这只太阳灯笼挂在北京天安门广场中心的旗杆上(还不是城楼上的那种大灯笼),太阳系最远的行星,核桃大小的天王星和海王星该在哪里? ——它们应该飘在复兴门和建国门之外。而整个四环路以内,都还属于太阳系核心圈子。

掩卷深思,茫茫天际没有高楼大厦车水马龙,就这么寥寥几粒芝麻豌豆绿豆,还撒这么开,太阳系该是多么地荒郊野岭、寂寥空旷!飞越 12 千米之外的黑暗天际,再回身望一望我们的太阳灯笼,还能不能隐约看清那一盏飘摇灯火?

把太阳比作灯笼,地球比作豌豆,一下子就操作如此大尺度的压缩,老实说已经相当过分了。面对豌豆大小的地球仪,你还能想起辽阔的七大洲、浩瀚的五大洋吗。在这种比例尺的想象空间里,我们最浪漫的神话都严重缺乏想象力。孙悟空一个筋斗蹦出十万八千里,足以绕地球一圈多(赤道周长 4 万千米),就可以自称齐天大圣了,可在这里连跳蚤都算不上。齐天大圣以为蹦到了天边,佛法无边的如来就冷笑,还在巴掌里呢。可见如来佛祖手掌心够大,不过,大概估算一下他的体格,他要想拎起太阳这个灯笼也难。太阳直径 140 万千米,内部能塞下 130 万个地球。这肯定是神话故事始料未及的。

可是,这还算不上开始,太阳系外面是更加广阔的宇宙空间,要按这个想象比例继续去考察体验宇宙之大,咱们的微缩比喻没有办法进行下去。

现在看看人类在宇宙中的位置。40 多年前,人类的几个勇者离开地球,登上旁边一颗我们仰望了 400 万年、并为它写下无数诗篇的小星星。我们还渴望远足太空、遍访群星。

1977 年,雄心勃勃的"旅行者 1 号"太空探测器从地球出发,搭载着全人类对宇宙的问候,一往无前地飞向广袤无垠的太空。这是一趟前所未有的探索之旅,没有终点,更没有返程车票。近 40 年时间里,这个用当时人类最高科技打造的神行太保,日夜兼程、不吃不喝、不知疲倦地持续飞奔了 180 亿千米,到今天,它还在以惊人的 6.1 万千米时速狂飙。要知道,这可是狙击步枪子弹速度的 17 倍。它能够达到如此高速,得益于太空的真空环境,没有空气阻力,而且利用了行星运动的引力加速。

"旅行者 1 号"真正是一只太空漂流瓶。它的电池将坚持到 2036 年,科学家说:"失去动力之后,它会绕着我们的银河系运转,可能会转上十亿年甚至更久,因为它和任何能够毁灭它的东西相撞的可能性非常小。所以,它可能是有史以来最长久的人造物。"这只漂流瓶带着一张金唱片,刻录了用 55 种人类语言讲述的一句话："来自行星地球的孩子（向你们）问好。"

可这只漂流瓶被人捡到的希望有多大呢？

前不久，"旅行者 1 号"飞越冥王星的地界，美国国家航空航天局（NASA）多次发布消息，说它已告别太阳系，进入星际空间。但实际情况并不简单，太阳系没有围墙和界碑，对这个事情科学界有不同说法。2014 年 9 月 12 日，NASA 再次确认它已飞出太阳系，因为探测数据表明，它已经突破太阳风层，脱离太阳影响，这就是标志。NASA 发言人说："一系列相关数据证明了旅行者号已经脱离了包裹着太阳系的由炽热而活跃的粒子组成的太阳圈顶层，进入了寒冷黑暗的恒星际空间。"另有许多科学家则认为，八大行星只是太阳系核心小圈子，外圈还相当巨大，有一个天体碎渣构成的巨大云团——奥尔特云——包围着太阳系，那里光彗星就有 1 000 亿颗。"旅行者 1 号"至少还需要再高速飞行好一段时间，才有可能穿越奥尔特云，真正离开太阳系，进入宇宙恒星系空间。

到底还需要飞行多长时间呢？再飞 36 年？72 年？我们这辈子都等不到了。或者 720 年，这下是八辈子了，是不是很过分？我问过很多人，楞是没有敢猜 7 200 年的。

都不对，答案是 1.8 万～3 万年。

2 遥远两颗星

太空里两只相隔几百千米的小虫子。

飞船太逊了,让我们的眼睛和思绪前往真正的太空。在宇宙视野里,所有恒星,看上去顶多都是一颗微弱的星星。太阳只是灿烂星河中一粒非常普通的小星星,它确实是没有资格做一只灯笼的。

目前已知最大的恒星是大犬座 VY,直径约为 28 亿千米,是太阳的 1 800～2 100 倍。如果它要挤到太阳系里来,足以把浩大的太阳系内圈空间塞得满满当当,天王星都没地方呆了。大型喷气客机想要绕着这个大家伙作一次环球旅行,需要持续飞行 1 100 年。然而,即便是这样的大家伙,如果在太空里还能标注为可以勉强看见的一个小小亮点,也相当不错了。

仰望星空,繁星点点,但如果你以为星星们很拥挤,那就错了,错得非常冤枉。离开太阳系,我们将意外地发现更为瘆人的浩瀚夜空。第二颗星星在哪里? 按照前面太阳系插图的比例尺度画下去,第二颗星星是比邻星(半人马座 α 星 C,距离太阳 4.22 光年),竟然必须标注在 1.6 万千米之外。——人世间不可能画出这样大的地图。

你让佛光灿烂的如来大神拎着太阳灯笼出来遛遛,上不沾天、下不着地,岂不是比在无边大漠里游荡的孤魂野鬼还凄凉得多。他要从北京走到纽约,才能碰到另外一盏灯笼。

呃,这个想象起来就有点困难了。

让我们把微缩比喻进行到底。把太阳从灯笼压缩成萤火虫,1 厘米个头的大萤火虫,那个比邻星跟太阳差不多大,它就是第二只萤火虫。只不过从现在起,我们必须把地球彻底忘掉,在这个尺度里,它连 PM2.5 细小微尘都算不上。

按照新的比例算下来,太阳和比邻星两只萤火虫至少相距 280 千米。这个有点惊人:寂静夜里,一只趴在北京国贸大厦避雷针尖顶上闪闪发光,另外一只应该在哪里呢? 不用猜,我已经说了距离,那一只应该在河北衡水郊外的草丛里盘旋。

这需要什么样的好眼力才能看得见? 我非常怀疑自己计算错误。无论如何,后面还有更多更大尺度,挑战眼力的怪事还多得很。布莱森说:"如今,天文学家可以办到最令人瞠目的事。要是有人在月球上划一根火柴,他们能看到那个火焰。"太空没有凡尘,能见度真好。

请日月星辰的领袖如来佛祖过来看看,有没有出乎意料? 刚才他把太阳当灯笼拎着,发现出了太阳系哪儿都去不成。现在,请他使出超级膨胀佛法,膨胀到可以把太阳像萤火虫那样捉来照着读书,这个身材形象是不是高大了许多? 且慢,捉了这只,第二只咋办? 别忘了,这两只寂寞的萤火虫,在银河系里也许是靠得最近的两只。恒星之间平均间距为 30 万亿千米。

这是一个我们不太容易接受的事实:我们仰望夜空看见密密麻麻的星星(不算月朗星稀的夜晚),它们都已经压缩 1 400 亿倍,真正成为一颗名副其实的、可以镶嵌在领带上的小星星了,为何每一颗星星之间还有(平均)280 千米之遥?

第一,它们太过遥远,以至于它们间隔尺度,280 千米放大 1 400 亿倍,看上去仍然相距很近。第二,它们立体地分布在宇宙空间,它们之间的左右间距也许并不那么大,但它们的前后间距可能非常巨大。第三,更为惊异的是,我们看见的星星,有些(在某些夜空甚至是绝大多数)并非银河系的星星,而是相当遥远的其他星系光斑。就是说,我们眼睛看见的某一颗星星,很多时候其实是数以千亿颗星星组成的庞大星系。我们确切地知道这事儿,是哈勃空间望远镜的惊世贡献,发现时间还不到一百年。由此我们可以顺便知道,星星的亮光,在茫茫太空中的穿透力是何等地强。

3 浩瀚银河系

银河系全部星星聚集起来,能挤满英伦三岛。

太阳和比邻星的尺寸明白了,再来看看银河系有多大。

银河系为什么叫银河?那是无数闪亮星星组成的天河,熙熙攘攘,流光溢彩。银河系里有多少"萤火虫"?天上的星星数不清。在晴朗无月之夜,我们凭肉眼可以看到两千颗左右的星星,普通的双筒望远镜可以看到五万颗,大型天文望远镜能看到五亿颗。这已经不少了,一颗一颗地数,日夜不休,也得数上百年。

银河系星星的实际数量,远远超过我们全部所见。虽然我们就淹没在银河系里,一条大河就在我们头顶流淌,但银河系里弥漫着大量星云,挡住了视线。天文学家估计,银河系星星总量有 1 000 亿到 4 000 亿颗。平均算,就是 2 500 亿只"萤火虫"。

这是什么概念呢?鉴于虫虫们之间相距过大,把它们统统招呼在一起,密密麻麻挨个排列,那么,这个萤火虫的超级方阵应有 25 万平方千米之巨,足以趴满英伦三岛全境,还有一些将被挤落海上。夜里从人造卫星上看去,亮不亮?这个嘛,呃,对于正在囊萤读书的佛祖来说,真的是大不敬了。各国神话都有一些顶级大神,爱因斯坦给这类大神起了个通用名字"the Old One"(老头子)。我们请佛祖休息,接下来的旅程,请 the Old One 带领我们继续前行。

让遮蔽英国的所有虫虫,都亮着尾灯飞起来吧。请每只虫虫上下左右前后间隔 280 千米(没错,实打实的 280 千米),摆一个立体的、扁扁的螺旋造型,中心处再镶嵌一堆光彩夺目的珠宝(那是银心,有一些对太阳来说属于叔叔级、爷爷级的星体,脾气暴躁,燃烧剧烈)。这就是我想要制作的银河系模型,而且必须提请注意的是,这是按照真实比例制作的超级 mini 模型。

试一试想象这个超级 mini 模型有多大。这个尺寸想象起来,荒唐感很强烈。几乎所有科普作家到这里都放弃了任何形象比喻,只是说"宇宙比任何人想象的还要大——大得多",然后摆出一堆苍白的巨大数字(银河系直径为 10 万光年,厚度为 5 000 ~ 10 000 光年),往宇宙更深处进发了。我也找不到任何可供比喻的东西。面对一个已经按照 1 : 1 400 亿倍的比例进行压缩了的模型,都还感到大得不可理喻,有点汗颜。

太阳,当然并非银河系的中心,它在一个不起眼的角落里,距银河系中心 3 万光年。太阳随着千亿颗星星默默地围绕银河系中心盘旋,一圈下来需要 2.5 亿年,速度还相当不慢。这个时间足够让地球上的猿猴进化到能够读书识字的人类好多遍。

银河系不仅十分巨大,而且星系里面相当空旷。这与我们看上去繁星密布、喧嚣闹腾的印象是有严重错位的,就像我们对太阳系星际比例的错觉那样。为此,如果我们看看星系碰撞的情景,也许会有意外发现。

星系之间,可能因为相互的引力而逐步靠拢,最终发生碰撞。从远处看,那是一场气象恢宏的震荡交汇,被称为"死亡之舞"的奇观,哈勃空间望远镜已经拍摄到了一些星系碰撞的场景。由于星系如此巨大,它们的碰撞交汇过程可能持续几百万年甚至更久。也由于星系内部如此空旷,它们的碰撞交汇实际上又相当平和舒缓。前面我们已经知道,星系里虽然有数以千亿计的萤火虫,但它们其实都是非常寂寞的,别担心它们的交汇像两个马蜂窝炸窝一般。

我们的银河系也有一个"死亡之舞"的约会。目前,就在你读到这段文字的此时此刻,银河系与仙女座星系正在以每秒 125 千米的速度相向疾驰——你没有看错——比音速还快上百倍有多。不过,我们没有必要考虑给银河系安装刹车,即便就以这个惊人速度,碰撞事故也要在 50 亿年之后才能发生。太阳的寿命大约是 100 亿年,目前处于如日中天的盛年,今后 50 亿年正好是它的下半生。

实际上，就算今天开始碰撞也无需担心，别以为天空会发生惨烈的星球大冲撞，绝对不是世界末日，这个过程平静的你甚至都不大能够感受得到。想想看，从北京国贸大厦顶上，到河北衡水郊外草丛，这么辽阔的空间里，要飞进来多少虫虫，才有可能发生拥挤踩踏事故啊？

呃，我们的地球呢？在银河系中找到地球，是不是大海捞针，在真正的大海里捞一颗针，这个我没有信心去进行比例换算。

4 无语大结局

全宇宙的星星，相当于全世界所有沙子的总和。

星星如沙粒，星系才是宇宙真正的家庭成员。立足银河系——那曾经是人类认为的整个宇宙——我们终于有资格开始谈论宇宙的大小。为了让 the Old One 带领我们加速体验宇宙尺度，必须对这个超级 mini 银河系模型再来一次奔放的压缩：想象银河系是一艘星际泰坦尼克飞船（全长 270 米）。顺便一提，跟灿烂辉煌的银河系相比，泰坦尼克豪华巨轮无疑要暗淡许多。

船长 the Old One 将要驾乘它在宇宙中漫游。不过，这趟旅行一开始就将面临一个尴尬的困难：想要从船头拨个电话，通知船尾的水手起锚的话，得到 10 万年之后才能听到电话振铃声。拨打这种超超超长途电话，你一句我一句的对话聊天是非常不现实的，是不是？

The Old One 环顾上下左右，惊喜地发现茫茫太空中漂浮着几十、几百艘同样巨无霸的豪华飞船，最近一艘飞船是仙女座星系，就在 5 千米开外。这就是星系团，一个浩浩荡荡的巨无霸飞船集群编队，光彩熠熠，而且，是立体的。

在几十、几百个美丽星系的簇拥下，the Old One 放眼望去，远处还有更多巨无霸飞船集群编队。他身处这个大环境叫超星系团，有的超星系团跨越数百万光年。最近有报道说，根据哈勃空间望远镜的最新观测，科学家发现一个巨大的星系群，在距离我们大约 70 亿光年的地方，它的质量相当于 3 000 万亿个太阳，人称"胖子"（El Gordo），正式名字为"ACT—CL J0102—4915"。看好了，3 000 万亿个太阳，什么概念？德国科学家鲁道夫·基彭哈恩有一本书叫《千亿个太阳》，是说银河系有上千亿颗太阳这样的恒星，书名就很豪迈。现在看"胖子"，这样的一个星系团，相当于拥有上万个银河系。

再往远望（当然，距离如此之大，他早已无法望清楚了），无数超星系团像蛛网一样,在天空里纠缠。这个场景跟人类大脑的神经网络图非常相似,以至于有人猜测宇宙就是一个超级大脑。星系、星系团、超星系团、网状结构,就是这个宇宙供人观瞻的全部内容,天文学家称之为"伟大的结局"——End of Greatness。

"荡胸生层云,决眦入归鸟。"我们的视野被严重地撑开了。我们回首看看,到底有多少巨无霸飞船——星系?今天的天文学家认为,在可见的宇宙里也许有 1 400 亿~2 000 亿个星系。

要命,又是一个巨大数字。一不做二不休,再来一次终极压缩:把每个巨无霸飞船压缩为一只镶嵌珠宝钻石的胸花,平均 10 厘米一只,那正是哈勃空间望远镜所拍图片放大后看上去的样子。把它们全部平铺开来,嗯,差不多要覆盖整个 160 万平方千米的新疆全境,天山南北,大漠戈壁,满满都是。

当然,这些胸花并非都是一般大小。银河系只是一个普通大小的星系。这些年,科学家观察到了许多大块头的星系。有报道说,目前所知最大的星系,是编号 NGC 6872 的棒旋星系,位于南天的孔雀座。这个天下无敌的"棒槌"横跨 52 万~70 万光年,它正在由两个巨大星系碰撞而成。另有一说,宇宙深处还有一个编号 3C345 的星系,其直径是银河系的 760 倍,如果把银河系比做一个比赛用的铁饼的话,那么这个大家伙就相当于一座万人体育场。

这里我们谈论的是星系的海洋,不是星星的海洋。至于全宇宙有多少星星(你所见的太阳们,还不算它们各自率领的暗淡行星),想数清楚是几乎没有可能的,天文学家告诉我们,大致是 2 000 亿×2 000 亿,那相当于——咳咳,信不信由你——全世界所有沙漠、海滩、河滩的沙粒总数。

真的令人无语。下次你去海滩玩"沙浴"的时候,不妨遐想一番。

现在,请星际泰坦尼克飞船勇敢起航,在星系团和超星系团编织的蛛网中穿行。这些蛛网悬挂在宇宙中,大概是个球状空洞,一个直径相当于微缩比例 27 万千米的巨大苍穹。按每小时 40 千米最高航速前进,差不多 100 个日日夜夜,the Old One 驾驶着银河系终于可以横贯宇宙(可见的)。

我的神啊,造物主简直荒唐透顶,为什么要搞出如此巨大尺度!

5 反向大尺度

把望远镜调转为显微镜,宇宙之小,一样深邃。

前面宇宙这个尺度是往大处丈量的,从芝麻豌豆直到 1 000 亿光年的大球。默默以对,我们感到无比渺小。但往小处看,这个宇宙也是相当深邃的。

(1)细菌。 在常识世界,这个是标准的小东西,用最好的放大镜都看不见。把 1 毫米的线条切成 1 000 截,就是一只细菌(比如草履虫)的身段,大约 1 ~ 2 微米。古人肯定从来没有见过。

(2)原子。 再把一只细菌剁成 1 万段,就是原子。看看布莱森做的比喻:"要是你想用肉眼看到草履虫在一滴水里游,你非得把这滴水放大到 12 米宽。然而,要是你想看到同一滴水里的原子,你非得把这滴水放大到 24 千米宽。""只要记住,一个原子对于上述那条 1 毫米的线,相当于一张纸的厚度对于纽约帝国大厦的高度,它的大小你就有了个大致的概念。"

原子是万物的零件。理查德·费曼说,要是你不得不把科学史压缩成一句重要的话,这句话就会是:"一切东西都是由原子构成的。"再小,就不是东西了。

(3)原子核。 原子跟原子核,要是想象成苹果跟苹果核的比例,那就错了,而且错得厉害。原子核只有原子全部体积的几千亿分之一。有人说,要是把原子扩大到一座教堂那么大,原子核只有大约一只苍蝇那么大。

原子核是原子的命根,因此也是所有东西的命根。如果你试图强行把原子核掰开,就是真正在毁灭"东西",试验后果很严重,它将化作一朵威力巨大的蘑菇云。那叫核裂变。

(4)电子。 更小,小到科学家们好像不好意思去描述它们的具体尺寸。寥寥数粒电子围绕着原子核飞舞,就构成一个原子。原来,原子这座大教堂并没有任何钢筋混凝土的墙。想想那个场景:显微镜下的太阳系!嗯嗯,至少比例尺度大致差不多。在普朗克没有建立量子力学之前,大家都这么去想的。到这里,我们立刻会发现一个令人惊惧的问题:这个宇宙竟然非常空虚。事实真相是,真的非常虚空。彼得·阿特金斯说:

> 尽管我们看起来是那么牢固,但我们的整个身体几乎是空的,实际上毫不夸张地说,我们就像一个空壳子,用一个几乎空荡荡的大脑思考,用衣服遮蔽着空空如也的身体,吃着空空的食物,坐着空空的凳子,站在空空的地上。想象一下空洞的原子,想象一下你站在一个地球大小的原子,瞭望清晰的闪烁的星空,环绕着你的空间的空荡与你身体里面原子的空泛是没有什么两样的。

那我们为何不能穿墙而过?据说,像武林高手舞动几颗流星锤护身,针插不进、水泼不进,浑然成为一个球——就好像是原子。崂山道士穿墙而过,是不是因为他念了个咒语,令绕核电子短暂地立了个正?呃,这是可能的,把温度降到摄氏零下 273.15 度(绝对零度),就能够让那些疯狂的电子消停下来。那时,一切东西都化了。

(5)中微子。小到极致,尺寸不详。它是那样的小,几乎可以毫无阻碍地穿透一切东西,而不会发生剐蹭事故,比如从地球这一端穿越到另外一端。事实上,它在宇宙里以接近光的速度绝对自由地飞行,以至于几光年厚的铅板对它来说也仿佛是一个巨大筛子。好歹,中微子还有质量,是电子的数万分之一,甚至更轻。

这样的粒子还有好多,中子、质子、介子、夸克、胶子、光子,等等。有一个特殊粒子,叫希格斯玻色子,人们一度认为它是构成宇宙的终极粒子。后面我将提到,这些粒子的存在和活动呈现奇异特性,不仅超出传统物理学的基本规则,而且明显地突破了人类的认知底线。它们是不折不扣的宇宙精灵。我们应当明确的是,早已没有任何刀子可以继续进行切割了。因为所有刀子都是原子构成的东西。激光刀？那也是成束的光子。不仅不能切割，甚至于想看见都几乎是永远没有可能的事情。

（6）**弦**。还有更小？没有了。1960年，美籍俄裔科学家、宇宙大爆炸理论创立者、畅销科普著作《从一到无穷大》作者乔治·伽莫夫曾经坚定地认为，中微子就是世界最小粒子。他说："我们现在只有三种不同的实体：核子、电子和中微子。而且，无论我们如何希望、怎么努力把万物还原为最简单的形式，总不能把万物化成一无所有吧！所以看来我们对物质组成的探讨已经刨到根、摸到底了。"

伽莫夫他们太心急了。宇宙间大小万物一律平等，没有什么铁打的定律可以阻挡我们再往小处追问。好在科学家的狠心也是没有止境的。新的弦理论认为，万物最小处，是一段"能量弦线"，每段长度为 0. 000 000 000 000 000 000 000 000 000 000 000 1 米，每秒钟振动 1 000 000 000 000 000 000 000 000 000 000 000 000 次，振动速度达到光速。我们倒不是害怕这一串0，真正需要注意的是，这个尺寸属于物理上具有特殊意义的"普朗克长度"范畴。这个尺寸，约为质子的一万亿亿分之一，人类的认知一下就挺进到神鬼都不敢去想象的极小尺度。

这样的弦，你还想去切割短一点？不行，因为这个"能量弦线"，可以理解为介乎能量与质量之间的过渡，是兼具有形物质与无形能量的双料角色。后面我们将知道，宇宙从能量开始，能量冷却凝固为万物，万物终究消解为能量。

能量的尺寸，当然是零。这大概就真的把万物化成一无所有了。

无论从宏观方向看，还是从微观方向看，宇宙都在以其骇人听闻的、而且看来还要不断刷新的巨大尺度，强有力地拓展人类的视野，引领我们的科学和心灵渐行渐远。

6 何处是尽头

可见宇宙的尺度,远远够不上实际宇宙的一个零头。

1000 亿光年,即 1 500 000 000 000 000 000 000 000 千米。

宇宙到头了——吗? 我知道你一开始就在冷笑。是,再长的数字,你都还可以在后面轻易加上一个零(都没有感觉)。1000 亿光年,小意思。因此,你坚持说人的心灵比天空还广阔,到目前为止还是对的。

等一等,宇宙的边界在哪? the Old One 的超远程星际航班停泊的港口,谁看见了?没有任何人看见。因此,准确地说,the Old One 横贯宇宙,是横贯了宇宙的可见部分。无光则不见,我们对宇宙的一切发现,只是宇宙中一切发光的东西。当然这个"见",早已不是肉眼之见,这个"光",也远远不是肉眼可见之光,更多的是我们借助机器才看到的光。

我们看到了这个宇宙能够看到的极远极深处,毋庸置疑,今后我们必定还有更先进的望远镜,可以看到更远更深处。那是不是总有一天,我们的视线可以直达宇宙之墙?

不可能。因为——天可怜见——我们看见的东西,实际并非宇宙最远最深处的场面,而是更早时候出现在宇宙的场面。往天空随手一指,那里有一颗星星,它可能是距离我们 50 亿光年之遥的一个星系。就是说,它实际是 50 亿年之前在那个地方闪烁,它那个时候的样子,今天终于被我们看见了。要等到 50 亿年之后,我们才能真正看见它今天的真容。但在这 50 亿年里,天晓得它身上发生了什么故事,也许它一直老老实实在那里呆着,也许早就流浪到别处,或者已经碎了,或者已经化了,什么情况都有可能,只是我们现在无法知道。假如有一根足够长的竹竿早已备在那里,你操起来往那个地方戳过去,几乎肯定是要戳空的。

这就是大有大的难处。

我们向太空望去,视野一层一层往深处推进,实际好比是在观摩一部一部历史纪录片。我们以为存在越远的东西,其实是发生越早的东西。极目远望,竟然就是货真价实的穿越古代。

原来,天文学家是在干"考古"的活儿。那么,我们的考古,古到哪个年代了?好消息是,古到了创世之初!据信,137亿年前(也有说140亿年,咱们都不会太在乎几亿年、十几亿年的误差),宇宙只有针尖那么大,在一次绝对无与伦比的创世大爆炸中,宇宙诞生了。科学家的微波探测器"看"到了大爆炸硝烟弥漫的场景。电视记录片《旅行到宇宙边缘》,最后达到所谓的边缘,就是这个时间空间的小点。不好的消息是,宇宙大爆炸以来,一直在持续地、飞快的膨胀,目前究竟膨胀到何等地步,我们看不见。

看不见,不等于不存在。我们要继续坚定前行,哪怕摸黑前往,誓要最终抵达宇宙边缘,把船锚抛到宇宙大墙之外。现在,我们把所有望远镜、探测器统统收起来,问:宇宙到底还有多大?

——真想知道?那你得有一些心理准备。如果你是放开想象而不知疲倦的人,就可以来试一试TOE推测的宇宙大小,我敢肯定,那一定是你做梦都想不到的尺度。而且我还敢打赌,任你放开去想象,你未必好意思想到那个程度。

美国科学家艾伦·古思的宇宙暴胀假说(后面将专门谈论宇宙起源的相关理论)提出,宇宙爆炸之初,在一万亿分之一的一万亿分之一秒之际,一个神秘的抗重力引起宇宙比预想的超快速度膨胀。好比安装了终极涡轮增压发动机,该膨胀期是难以想象的爆炸式的,宇宙膨胀的速度比光速更快。相对论认为宇宙间任何物体的速度都不能超过光速,但在这里,超光速膨胀的不是什么物体,而是真空空间。结果,宇宙在没有任何竞争和干预的情况下,打下了一块绝大的地盘,远远超出可见范围之外。对于这个范围之大,有人作了个比喻——我读了好几遍,以为看错了,所以建议读者也看仔细点——**如果整个可**

见的宇宙像亚原子粒子那样小,那么实际的宇宙比我们周围的可见宇宙要大许多许多。

我们的好奇心是没有止境的——究竟大出多少呢?暴胀假说的另一位科学家里斯认为(而且,他竟然说这是计算结果表明),实际宇宙横跨的光年之数,不是在 1 的后面用 10 个 0,也不是用 100 个 0,而是用几百万个 0 来表示。

简直不可理喻。我怀疑天体物理学家们受什么刺激了,一个赛一个地比拼宇宙之大,竞相抬杠,终于集体患上“大数癖”。说到这里,在继续进行我们的正式话题之前,为帮助读者体味天文大数字,插播一个关于“大数癖”的小故事。前面提到的爱丁顿爵士,干一行爱一行,特别喜欢巨大的天文数字。据美国科学家 S. 钱德拉塞卡一部科普著作的介绍,爱丁顿在 1926 年的一次学术演讲时是这样开头的:

> 恒星具有相当稳定的质量,太阳的质量为——我把它写在黑板上:
>
> 2 000 000 000 000 000 000 000 000 000 000 吨。
>
> 但愿没写错数字零的个数,我知道你们不会介意多或者少一两个零。可大自然在乎。

更有甚者,爱丁顿在自己一部书中的某一章,开头第一句写的是:

> 我相信宇宙中有 15 747 724 136 275 002 577 605 653 961 181 555 468 044 717 914 527 116 709 366 231 425 076 185 631 031 296 个质子和相同数目的电子。

这个数是 136×2^{256}。后来人称“爱丁顿数”。有人问这数字是不是他让别人帮忙弄的,爱丁顿说是他在一次跨越大西洋的旅途中自己动手算出来的。受大数癖感染,我们来琢磨几个稍有实际意义的天文大数,是不是可以用来证明这个“里斯宇宙尺度”的怪诞。

(1)摆满棋盘的麦粒。这是人们熟悉的故事。一位聪明的大臣向国王请赏,要求很简单,就是在棋盘上摆麦粒,第一格摆一粒,第二格两粒,第三格四粒,依次翻番。国王慷慨地答应了。他如果知道"指数式增长"的厉害,一定后悔他的决定。64 格摆下来,需要 18 446 744 073 709 551 615 颗。这是全世界 2 000 年内生产的全部小麦总量。

(2)洗牌不重样。52 张牌可以存在 80 658 175 170 943 878 571 660 636 856 403 766 975 289 505 440 883 277 824 000 000 000 000 种不同的排列组合。别不信,高中数学就解决了的知识。这是生活中可以理解的事情。

(3)全宇宙的原子总数。可见宇宙(1 000 亿光年那个)所有东西包含的所有原子,其数为 3×10^{74} 个,即:300 000 000 000 000 000 000 000 000 000 000 000 000 000 000 000 000 000 000 000 000 000 000 000 000 个。扑克牌问世以来,不管重样不重样,全世界 80 亿人民玩八百辈子扑克肯定都没有前述那么多。但这个全宇宙原子总数可是实实在在的。今后,谁要是说全世界、全宇宙还有任何非虚构的"东西"(亚原子粒子更多,但原子才是所有"东西"的零件),其数量超过这个数值的话,一定是错了。

(4)塞满全宇宙的沙子总数。我们知道,这个宇宙是非常空旷非常稀薄的,有人测算宇宙密度,大约平均每立方米包含 1 个原子(有的估计是 6 个),相当于每个像地球这么大的空间中,只有一个雨滴那么多的物质。为了得到一个超级大数字,我们想象,大胆地想象,用沙子把这个空旷的宇宙填满,喘气的缝隙都不留,其数为 10^{100} 颗,即:10 000 000 000 000 000 000 000 000 000 000 000 000 000 000 000 000 000 000 000 000 000 000 000 000 000 000 000 000 000 颗。够狠吧?我很想说,这就是全宇宙勉强可以找到实际感觉的终极大数。

然而,假如我要编写一本里斯版本的《宇宙使用说明书》,假如我还要犯拧,偏偏要把标注宇宙尺度的那几百万个 0(记住,这里的每个 0,代表的是 10 万亿千米)逐个填写到表格里,那么,像上述几个大数那样写几行是打不住的。一页算 1 000 多个 0,一页不够再加页,这本小册子关于"宇宙尺度"这一栏,将厚达几千页。

这不明摆着是疯了嘛!

也就是说,即便不考虑宇宙的多维性质,就算可见(理论上的可观测)部分,这个宇宙也大得够、够、够呛。没有最大,只有更大。这顺便也提示我们:描述宇宙,需要注意的一个基本法则就是——没有最XX,只有更XX。在科学界,凡是规定极限的理论,都将遭遇无数死磕到底的挑战。

事出反常必为妖。

费这么大的劲,努力要搞清楚宇宙到底有多大,究竟有什么实际的意义?我是想提醒读者注意,宇宙如果真的如此之大,大到这种绝对不可思议的程度,其中必定隐含非凡的事情。或者,我们对宇宙的探索之旅,将要发现一些非凡的事情。认识到这一点,大概应当是我们探索宇宙的第一课。

描述宇宙的疯狂,才刚刚开始。

■ 小结

我们的脚:1967 年,人类迈向太空,踏上 39 万千米之外的月球。

我们的船:1977 年,"旅行者 1 号"太空探测器从地球出发,到今天终于飞离太阳系内圈。

我们的望远镜:2013 年,哈勃空间望远镜发现了可能是宇宙中测量距离上最遥远(最古老)的星系,大约存在于宇宙大爆炸后的 7 亿年左右。

我们的思想:无远弗届,永无止境。

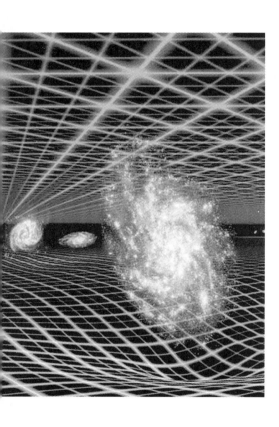

第 4 章

隐 秘 构 造

"宇宙一直想告诉我们一些东西。但到目前为止,我们始终没有搞清楚它想要说的是什么。"——美国暗物质、暗能量研究专家肖恩·卡罗尔。

你看,肖恩·卡罗尔怯怯的。但另外一个美国科学家约翰·巴赫恰勒就比较有信心。他说:"我们生活在一个难以相信的、疯狂的宇宙中,但它是一个我们现在已经知道了它的详细特性的宇宙。"

可是,真的吗?

1 宇宙把绝大部分东西雪藏起来了

仰望满天繁星,你以为看清楚宇宙的面目了吗?不,差得远。好比在夜间的田野,你只是看见了萤火虫的星星点点,可你并没有看见坚实沉默的大地和连绵不绝的庄稼,还有农家院里蹲着的狗。

占据宇宙总分量96%以上的暗物质、暗能量,究竟是什么构成、具体什么性质,目前还没有理出头绪。可以想象,科学家们该得有多么的垂头丧气和迷惘不安。虽然不知道它们到底是什么,但有确凿证据和可信推测,证明它们是实实在在的存在。这些东西,似乎弥漫充斥整个太空,在巨大的尺度上默默左右着万物的形成、运动和演化。

暗物质是怎么发现的?

推断存在暗物质,是因为科学发现,对于星系的形成和星系的运转,在理论推测与实际观察上存在差异,一定另外还有一些物质在发生影响,施加额外的引力。此事早有人猜测,但主要证据最早是美国女天文学家薇拉·鲁宾观测到的。她当初是两个孩子的母亲,不想跟那些男性科学家竞争尖端科研的课题项目,就默默地做她的天体观察测量工作。没料到却发现了这个重大的宇宙怪相。

星系一般呈螺旋旋转,有些星系外侧的旋转速度过快,但又没有因为过大的离心力而脱离,肯定是因为有较大质量的暗物质拖曳着。它们不发光,也不反射光线,所以无法被直接观察,但它们质量巨大,范围巨大,影响巨大。星系置身其中,就像小花小草种植在辽阔田野。这个比喻比较粗糙,精确一些的推断是:星系团要想束缚住它里面的星系,维持现有的结构状态,总质量应为观察计算数值的 100 倍以上。我们无须跟进那些令人生畏的专业讨论,科学的结论,目前所知就这么简单。

暗能量是怎么发现的?

推断存在暗能量,是一个更为复杂的过程。科学发现,宇宙迄今已经膨胀了 137 亿年,星星、星系相互间隔越来越远。但在宇宙膨胀的同时,万物之间一直存在着万有引力,无时无刻不在对抗着膨胀。这是一场历史性的持久对抗。强弩之末不能穿鲁缟。爆炸的能量总有消耗殆尽的时候吧,万有引力静静地等候机会,期待着回归到约束万物行为的主导地位。但是,观测表明,这个宇宙并没有逐步减缓膨胀的意思,非但没有减缓,竟然还在加速膨胀。

科学因此推断,那是一种性质不明的反重力,在暗中推动宇宙的持续加速膨胀。这种反重力源自于暗能量。它们分量巨大,且无处不在。据说,不论是在你家厨房,还是在星际空间,暗能量的密度都完全一样,约为每立方米 10^{-26} 千克,相当于几个氢原子的质量。太阳系中的所有暗能量加起来,与一颗小行星的质量差不多,不能左右任何行星运动。只有在巨大的空间尺度和时间跨度上,才能体现出暗能量的影响力。

这些暗存在,深藏不露又如此巨大,我确信它们非同寻常。

我们注意到,这两样东西迄今为止相当老实,貌似并不直接影响我们的生活,甚至也没有制造任何惊人的戏剧效果。比如,按照较早期的猜测,暗物质有可能是黑洞和中微子。黑洞虽然很多很重,但跟暗物质应当拥有的巨大质量相比,它的总分量还远远不够。中微子也太轻,这种神出鬼没的幽灵粒子,可以自由地在我们的身体和地球里面来回穿梭。如果真相是这个,确实就有点索然寡味。这也正是我们不太害怕且不太关注它们的原因,它们甚至很难成为科幻作品的有趣题材。

我宁愿听说科学家的猜测是另外一套东西，比如宇宙之外的什么超人，出于某种古怪动机，吭哧吭哧往我们的宇宙里灌气，或者为我们的宇宙连上了外接高压电源。那才叫生动有趣呵。也因此，"暗存在"这个事，只能暂时屈居"十大不可理喻的疯狂真相"之 TOP 9。

还会有什么惊天动地的发现吗？不好说。

呃，其实我是想说，没有最惊人，只会更惊人。华裔美籍科学家李政道说："暗物质是笼罩 20 世纪末和 21 世纪初现代物理学的最大乌云，它将预示着物理学的又一次革命。"加来道雄说："可以肯定，有很多很多的诺贝尔奖在等待勤奋工作的、能够揭示暗物质和暗能量秘密的人。"我们不必担心这事儿没人管，事实上，哪里有秘密，哪里就有焦虑的科学家在死磕，对于暗存在的探索一直是科学界的重大课题。目前，最具有震撼意义的假说认为，暗物质、暗能量可能是希格斯玻色子发挥的作用。

这个事，值得围观一会儿。

鉴于事关重大，我们以最快的速度、巴掌大的篇幅，讲一讲相关的科学史，并顺便学习一个关于万物本质的物理新知。——过去，经典物理感到，万有引力的本质和它的作用机制是一个古怪的谜，它不依赖任何介质而隔空发作，就像中国的气功移物，确实非常费解，因此发明了"以太"概念，这个叫"以太"的未知东西在传递力的作用。后来，相对论认为，世上没有什么隔空发功的引力，地球绕着太阳转是因为沉甸甸的太阳压弯了空间，地球被迫沿着弯曲的轨道运转。据此，"以太"没有必要存在，被"奥卡姆剃刀"剔掉。现在，量子力学的一种观点认为，力的超距作用是存在的，"以太"又回到了桌面上。英国科学家希格斯认为，宇宙充斥着一种神秘的力场：希格斯场（谁提出的理论，就以谁的名字命名），这种场就叫"以太"也未尝不可。或者说，太空并非绝对真空，而是浸泡在希格斯场之中，就像鱼儿生活在大海。

"奥卡姆剃刀"：科学研究的一个重要原则：如无必要，勿增实体。比如蛇，如果你明知它仅靠肚皮就可以溜得飞快，就不必考虑给它安装腿脚。

希格斯玻色子(亦称希格斯粒子,Higgs boson)是希格斯场的激发态。一般认为,希格斯玻色子并非暗物质,但某些与它有关的粒子有可能是暗物质。不过我们不要联想到 PM2.5 雾霾颗粒,希格斯玻色子小到极致、轻到极致,它们二者根本不是一个数量级,别说医院的无菌手术室,就算是世界上最纯净的真空实验室,也弥漫着这种粒子而不觉。考虑到宇宙无比巨大、无比空虚,浸泡宇宙的希格斯玻色子之海,总质量可以是相当可观的。这么虚无缥缈的东西,有点无聊啊。可是,如果我们知道它的两个响当当的绰号,兴许就不打瞌睡了。

第一个绰号:"上帝的粒子"(God Particle)。

物理科学认为,万事万物都应该也必须分解到最基本的粒子上去认识。希格斯场这种力场,也应该通过某种粒子来体现,否则就无法理解。迄今为止,构成宇宙万事万物的基本粒子统统找到了、明白了,只有假设中的希格斯玻色子尚未现身,而它才是最具决定性的基本粒子。科学最新猜测,各种粒子只有依靠它才能获得质量!什么意思呢? 所有硬邦邦、沉甸甸的东西,并不是天然就该硬邦邦、沉甸甸,构成万物的各种粒子,如果追到根儿上,不过也是略有形状的能量而已。全世界的粒子浸泡到希格斯场之后,就像豌豆滚到了饴糖里,从此因粘连而获得质量。当然这只是一个比方而已,饴糖的黏性远远没有这么严重。你也可以这么看:万物本没有什么质量,它们只是被粘在一起,浑身每一个细缝都挂满希格斯玻色子,轻易跑不动了。

光子跟希格斯玻色子都是一类的精灵,互不粘连,因此光子没有质量,全宇宙畅通无阻。可见,光子才是仙,万物都是肉体凡胎。谁要想羽化成仙,修炼途径就是要去除浑身浊气,抖落全身粘上的每一粒希格斯玻色子。我们讨论这些,结论是说,如果没有这个上帝的粒子,宇宙万物瞬间就要成瓦解为一缕青烟,以光的速度化作乌有,绝对无一例外。那样,整个大千世界就是一个根本没有讲出来的玩笑。想想看,岂不是要命! 一旦证实,必将掀起惊天动地的物理革命。

曾经,两个年轻的科学家在接受电视纪录片访谈时,试图用某些比喻来说清楚这个问题,但他们深陷于这种重大秘密的狂野猜想中,结结巴巴无法言表,最后只是耸肩傻笑,傻笑耸肩。

第二个绰号:"该死的粒子"(Goddamn Particle)。

为了找到这个传说中的终极粒子,科学家们痴痴追寻了近半个世纪,愁肠扭结,故事曲折。该死的粒子比捕捉精灵还困难。显微镜?提都别提,根本不可能以任何方式看见它。科学的办法是在深深的地下,挖掘长长的隧道,注入十几万亿瓦能量(让一个小国来做,全民熄灯来支持都不够),驱动亿万颗粒子以接近光的速度进行对撞,看看能撞出什么奇异景象,能不能把该死的粒子剥离出来。

美国动手比较早。20世纪80年代,美国花费10亿美元在德克萨斯州挖掘这样的大洞。国会的政治家问你们挖洞找什么,找得到上帝吗?科学家比较有脾气,直接回答说"不行"。结果坏了,再花10亿美元填上,事情以德克萨斯人得到一个全宇宙代价最高的地洞告终。布莱森调侃说,这也许是历史上把钱倒进地洞的最好例子。到了21世纪,欧洲核子研究组织(CERN)建成并启动了一个新的粒子加速器(LHC,大型强子对撞机),这个大家伙长达27千米,那是一座普通城市的大小,它拥有一排比埃菲尔铁塔还要重的磁铁,安装有五层楼那么高的照相设备,初始造价就达100亿美元。相比之下,美国费米实验室那台老旧的Tevatron质子/反质子加速器一下子被甩得老远,后来只好关闭。当代物理跟以前大不一样了,玩物理的难度越来越大,要么数学,要么大型对撞机,最终还要靠大型对撞机。

现在,世界各主要科技国家都在疯挖这样的地洞,粒子对撞机成为破解宇宙奥秘最重要的武器。这种巨无霸机器可以干很多惊人的事情,比如再现宇宙大爆炸发生1毫秒之际的某些情形,全宇宙最基本的东西都是那个时候创生的。中国也在悄悄地挖。据外媒报道,中科院高能物理研究所正在筹备一个长达52千米、两倍于LHC的超级粒子对撞机,对撞能量高达70 TeV(太电子伏特),预计2028年投入使用。我们由此也可以知道,中国现在真的很强大。美国和欧洲则已开始筹备周长 100 千米,碰撞能量达 100 TeV 的超级粒子对撞机。后面我们还将知道,当科学家们遇到难题的时候,他们总是会说:

那么,让我们再搞一个更大的对撞机试试!

LHC 到底能行吗? 这个人世间无以匹敌的超级实验设备,显然是一只具有充当造物主企图和能力的怪物,有人预言,它一旦运转起来,搞出个黑洞什么的,将给地球造成不可预知的巨大灾难。有两个忧心忡忡的美国人为了阻止它,甚至把 CERN 告到了当地法院。2008 年,这个大家伙不顾官司麻烦,在全世界的屏息关注下第一次满负荷开机。结果,嘭! 设备爆炸,没有炸出上帝粒子,当然也没有造成世界末日,只是炸出一大堆凌乱的电线、螺丝钉和磁铁碎片。倒霉的 CERN 花了一年多时间来修复机器。事情进展不顺利,科学家们一度丧失了信心。如果最终找不到该死的粒子,哀伤的希格斯先生认为,那意味着他对自己奋斗了一生的物理,实际是一无所知的。还有一些科学家则扬言,他们要考虑是不是该从实验室的二楼跳下去。

终于,2012 年 7 月,CERN 宣布探测到了该死的粒子。这令垂垂老矣的希格斯先生激动泪流。有人甚至说,这是可以向外星人炫耀的文明成果。为此,希格斯与另外一位比利时退休教授弗朗索瓦·恩格勒特共同获得 2013 年诺贝尔物理学奖。照例,还有霍金也在搀和打赌此事,照例,他又输了 100 美元。

当然,事情远远没完,假说尚未证实,科学家们还有重大疑问和严重争议。我们后面《鬼魅家族》一章会谈到,暗存在也可能是别的、更加惊人的东西。——神仙的世界么?

呃,差不多吧。

2　宇宙为万物布置了一个超级迷魂阵

宇宙的边缘在哪里？

科学史上曾经有一个重要观点：宇宙是有限的，但没有边缘。就是说，宇宙没有我们可以理解的任何形式的边界、边缘、墙壁、外壳。为什么？因为它是弯的，而且弯到自我闭合。宇宙中不存在真正的直线，所有的线都是不同曲率的曲线，只要你一直画下去，终可以画成一个圆。光线也是弯的。你说光线看上去是直的，那是因为你的视觉是弯的；用尺子去量是直的，那是因为你的尺子也是弯的。这就是爱因斯坦"有限无界"的宇宙假说。

全世界的人都疯了，就等于没有人疯。因此我们可以合理地想象，如果所有东西都是弯的，就等于没有东西是弯的。《老子》说，大音希声，大象无形。现在我要为老子补充一条伟大的、揭示宇宙实际形状的现代物理定律：

大弯不曲。

不过，本书在征求意见阶段，一位科学家告诉我，最新的宇宙学不这么看了，并不认为宇宙就是弯曲闭合的。究竟怎么看，相关理论解释太过晦涩。但有一点是明确的：宇宙极有可能是无限的，即便它可能有一个诡异的"起点"，但它将永无止境地无限扩展。无限，这个概念太令人痛苦，我本人感到哲学式惶恐。

不管宇宙是不是弯曲封闭，也不管宇宙有限还是无限，它的空间形态肯定不只是我们所见的三维布局。为了一步一步来理解宇宙的古怪样子，我们继续思考这个"弯"。必须强调，宇宙空间之弯，不是人类心智可以直观之弯。天体物理学的一个新成果——超空间理论认为，有超越于人们普遍接受的四维时空的维度存在，宇宙可能确实存在于高维空间中。人类的全部所有，包括我们的心智,都是三维款式的,虽然可以勉强推断多维空间的一些特征,但绝对无法直观,绝对不可理喻。要试图画出一张多维宇宙的全景图样是不可能的,我们必须明白,任何示意图一旦画出,包括一些超现实的拓扑图形,都必然是欧几里得的三维图,跟真实的多维图形没有关系。这实际比盲人摸象还要严重。

这个疯狂的空间不仅面貌畸形,而且来历不明。

按照宇宙大爆炸假说,大爆炸之前没有宇宙万物,这个容易理解,困难在于,那时也没有让宇宙得以伸展开来的空间(哦,还有时间)。宇宙大爆炸并非发生在一个现成的空间里,就像造物主往一个空旷的演习场扔一颗手雷。宇宙全部空间本身也是大爆炸炸出来的,手雷演习场从来就没有存在过。

我们不可能去想象,人们可以离开宇宙远远地趴在壕沟里,倒计时目睹这场爆炸,因为,宇宙之外没有空间(也没有时间)可供立足。天体物理学坚定地说:nothing,everything is nothing。至于 nothing 究竟是什么,没法谈论。这是全人类共同的郁闷。

为了说服我自己相信宇宙空间是一个多维怪物,我必须请科学家们确认:所有模拟宇宙大爆炸的动画片和示意图都是扯的——在一片黑暗的背景里,一个亮点像手雷那样爆炸,腾起一团烈焰浓烟,爆炸碎片“四散开来”——不,无论看上去多么别扭、多么矫情,它必须一开始就炸成一个多维(天晓得几维,反正多于三维)的古怪形状。否则,我们(不好意思,三维滴)很快就可以注意到,假如我骑在最远一块爆炸碎片上,我的鼻子将杵到宇宙边缘。我非常渴望体验宇宙边缘的质感。这将直接杵破宇宙无界论。

多维空间是什么?

点是零维,线是一维,面是二维,立方体是三维,加上时间算一个维度,就是四维时空。再高维度,你我就不知道了。超空间理论的科学家们大概是知道的,靠的是数学推算。根据“科普 TOE 三大古怪定律”之“不可说定律”,他们会邀请你去观赏那些奇奇怪怪的图形和数学公式。还有什么卡鲁扎-克莱因理论啦、卡拉比-丘成桐空间啦、杨-米尔斯理论啦,等等。这些东西虽然不明白,但是觉得很厉害,本书一概不予理会。

我们要想稍微挨边儿明白多一点,只能打一个文艺比方,比如人的心思,维度最复杂。李逵哇哇叫道:杀到东京去,夺了皇帝老儿的鸟位,岂不快活!这是典型的线性思维。宋江的心思,明明是造反,目的却是为了招安,李逵永远不懂这样的超级立体思维。薛蟠这浑小子杠头杠脑,线性思维。贾宝玉只爱水灵女儿,不懂经济事务,平面的,犯起浑来也是一根筋。薛宝钗妥帖周全,人见人爱,立体的。林黛玉就大不一样,绝对多维思维,老少几个三言两语话锋不对,还没有说什么事情,她已经哭开了,也没有哭你们说的那些事儿,她却是在哀伤花开花落、韶华易逝、造化无情。旁的人早就傻了,哪里懂得这 180 个心思。借助这些形象比方,我们可以知道:

A. 高维包含低维,低维需要"进化",才能形成高维。具体地说,点,纵向延伸,连接为线;线,横向展开,铺陈为面;面,上下重叠,建构为体。

B. 低维向高维"进化",可能是指数式的,复杂程度成倍增长。

C. 高维看低维一清二楚,低维看高维一头雾水。

多维形态是非常有趣的问题,充满时尚魅力的智力游戏,科学家和大众迷恋了上百年。在一百多年前的欧洲,谁要是不谈两句多维空间,似乎都不好意思出席宴会和舞会。

最早,诡异的"莫比乌斯环带"曾经带给人们巨大震惊。1858 年,德国数学家莫比乌斯发现:把一根纸条扭转 180°后,两头再粘接起来做成的纸带圈,具有魔术般的性质。普通纸带具有两个面,一个正面,一个反面,而这样的纸带只有一个面,一只小虫可以爬遍整个曲面而不必跨过它的边缘。这就是拓扑数学理论的一个典型案例,我们都看得懂。这个例子如此简明直接,如此不容置疑,以至于我们不得不承认,我们的常规思维一定在某个地方有毛病,先天性的。

再以"画地为牢"为例子。假设一个二维的人生活在一个平面,他只能前后左右移动,无法上下移动,画一个高电压的圆圈就足以把他禁住。但是,你——三维空间的人——只消轻轻地把他拎起来,就可以越过圆圈而脱离。你可以想象,对于一辈子没有离开过二维世界的他来说,将多么惊讶。你还可以使出无穷魔法,比如把他拎起来、翻一转,再放回二维世界,他的心脏就奇迹般地挪到了右边。而你并没有对他实施开肠破肚的手术。想想看,是不是? 实际上,还不需要三维的你帮忙捣乱,这个二维世界的人,只要他自己爬上"莫比乌斯环带"溜达一圈,效果一样。他当然要大吃一惊,而且他的吃惊还不是因为自己的颠倒,而是他发现整个世界颠倒了。有一篇小说,《平面国——一个多维的传奇》,从 1884 年就引起轰动并持续热销,生动地讲述了这种情况。

我们还可以合理推断,基督山伯爵和他的牧师狱友,如果遇到一个四维空间的侠客相助,是不是也可以神不知鬼不觉地轻易脱困,何至于辛苦挖墙。再推断,你我如果到高维空间转一圈,是不是也可以发生令外科医生抓狂的事情:左手右手、五脏六腑全部颠倒了位置? 这还是从二维世界推理的,如果三维真的被五维、八维折腾一番,谁能料想到还会发生什么更加不可思议的事情。

这肯定不是没有根据的猜想。许多拓扑学数学家在试图推算和描述高维形态,一些艺术家也激发出无限灵感,毕加索、达利就画了许多似乎是多维的人物和家什。毕加索号称"一个玩转了多维空间的伟大画家"。他的画,可以理解为四维空间的视角,表现在了二维的画布上。

实际的多维空间,看不看得见还在其次,它可能对人体构成某种不可预知的影响,比如我们在地铁里被挤成了相片,就是从三维到二维的伤害案例。是不是总有一天,我们可能会在这个宇宙邂逅三维世界的莫比乌斯环带(或者别的什么古怪东西,那将以发现者的名字命名)。届时,给你一台高维提升体验机,敢不敢上去试一试?

这样的多维世界在哪里? 呃,极有可能远在天边、近在眼前。超弦理论认为,宇宙一开始至少是十维的,十维宇宙对称而不稳定,宇宙大爆炸发生后的一瞬间,量子隧穿效应打破这种对称(这就是科学家们苦苦研究多年的"对称性破缺"),三个维度的空间携带时间全面展开,形成我们的世界,另外六个维度的空间不幸坍缩,从此没有机会得以舒展。科学家希望利用强大的粒子对撞机探测这个六维空间,但遗憾的是,做这个事情所需能量是现有对撞机能量(我们已经知道那是多么强大)的1 000万亿倍。换句通俗的话说:不可能。

三维的我们,无法去理解和描述多维宇宙空间的具体形状,但可以从反方向来理解。至少有三点可以确定:

第一,多维宇宙空间不可能像三维空间那样,沿着一个直线方向前进就可以抵达边缘。如果你确有环游宇宙的雄心壮志的话,还得考虑清楚,这样的瞎逛不定在某处会遭遇多维空间,令你五脏六腑发生翻转。

第二,多维宇宙空间的中心也是这样,不在你我能够找得到的地方。我们不需要再去费力争论,人类究竟是在宇宙的中心,还是在宇宙的某个犄角旮旯儿。说什么宇宙至尊,你看那万千星系各奔前程,都没人搭理你。

第三,**可能(应该是极有可能)某些东西(也许是绝大多数东西)是高维形态的,虽然就在我们身边,但我们无法正确感知。**好比地面上二维的生物,没有办法理解三维的人体到底什么样子,它们能看见两只脚印,明明分开着,但总是出双入对,却不知那是一个人身上不可分割的东西。明白这一点,对于理解后面谈到的一些古怪问题有好处。多维度存在,本身就是宇宙大设计的一项重要内容。而且我想说,这是人类极具革命性的科学认识。

电影《星际穿越》,库珀从黑洞跌入到五维时空,穿越到女儿房间的书架后面。他能看见童年时代、成年时代的女儿,甚至能看见过去的自己,而处于四维时空里的女儿和他本人,却无法感知在五维时空里焦急万分、大喊大叫的他。

总之,超空间理论告诉我们,宇宙之墙,不是砖墙,也不是铁幕、玻璃或丝绒,竟然是名副其实的"鬼打墙"。The Old One 的星际泰坦尼克飞船坚定地一往直前,最终,却莫名其妙地回到了出发的港湾。

宇宙边缘谢绝参观,这真是一幅令人绝望的图景。

3 宇宙安装有通向另类世界的暗道机关

我们还惦记着宇宙的边缘。如果你觉得,宇宙空间原来是弯曲的,这个疯狂理论还能够理解并接受的话,我们就继续前进。既然宇宙有限无界,是一个自我循环的封闭空间,那么从理论上说,宇宙空间的体积无论多么巨大,总还是特定的。虽然里斯描述的宇宙尺度已经大到莫名其妙的地步,不过还是一个确定的尺度。无论如何,你依然随时可以在那个数字之后,轻易加上一个零。

但是,还有更令人晕头转向的事情:虽没边界,但有出口。

无需追寻海角天涯,宇宙到处都有神秘出口。比如,无底洞。神话故事中的无底洞令人痴迷,也让人惊骇,它像一个终极垃圾桶,收纳一切,永远填不满。现在我们知道,无底洞真有其事,但它并不是某个江湖大佬在后院设下的凶狠陷阱,也不是隐匿在深山老林的世外桃源。它叫黑洞,悬在太空,被誉为"宇宙之妖"。

说它是"洞",容易误会,它并不是地面上挖出的、盖子丢失了的窨井窟窿。显然,它应该是太空里孤悬着的一个球体,从任意方向看去都是一个洞,而不是像一片薄薄的黑色膏药贴在天上。

宇宙之妖是怎样炼成的?

只有一个秘诀:挤压,严重地挤压,把高质量天体的大规模垮塌挤压坚决进行到底,就能得到一个黑洞。比如,质量相当于几十个、几百个乃至数十亿个太阳的大东西,这么一个大家伙,当自身引力大于燃烧膨胀力时,就会在一夜之间噼里啪啦向内坍缩。也就是说,它是如此的重,以至于把自己压垮了、踩碎了。想一想,地球为什么没有自我坍缩?喜马拉雅为什么没有把地壳压垮？——答案是因为地球太小，喜马拉雅也太轻，好比挤在椰子壳上的一小截牙膏。

所有超重的星体并非一开始就坍缩，它年轻时要燃烧。我们知道，红色特超巨星大犬座 VY，是目前所知宇宙中个头最大的星体，它其实严重虚胖，密度并不大，还不能进行自我垮塌挤压。重点是密度。迄今发现质量最大的恒星是 R136a1，目前估计其质量为太阳的 320 倍。它也正在剧烈燃烧，发出的光芒比太阳强烈 1000 万倍。燃烧的过程，我们知道，当然是膨胀的过程，自我坍缩只在燃料耗尽、燃烧结束后发生。因此可以断定，所有块头足够大的恒星，别看它们现在烈焰燃烧、红红火火，总有一天，它们都将走向一个共同的宿命：坍缩为黑洞。那，说不定是星星们的炫酷梦想。

黑洞坍缩尺度绝对是异乎寻常的。你如果想象把喜马拉雅压缩成一座盆景，仍然属于严重缺乏想象力。德国天文学家卡尔·史瓦西通过测算证明，地球这样大小的天体如果质量够大，也可以成为黑洞，但它必须压缩成一颗蚕豆。有一部纪录片说，应该比蚕豆大些，差不多一个高尔夫球那么大。这个质量与尺度的比例是确定的，称为"史瓦西半径"。本书特为人造黑洞爱好者出具公式：

$$R_s = \frac{2GM}{c^2}$$

即万有引力常数乘天体质量乘二再除以光速的平方。据此换算，喜马拉雅若要立志成为黑洞也是有条件的，它的史瓦西半径大约只有 1 纳米。

可见，黑洞之为黑洞，关键是这个质量与尺度比值。只要压缩比例够狠，所有天体都有机会成为黑洞。据此，科学家认为可以在他们的地下实验室里，通过压缩物质质量，比如开动大型强子对撞机进行质子对撞，制造微型黑洞。微型黑洞将非常小，约为电子质量的 1000 倍，而且可能只持续 10^{-23} 秒。还有一些科学家认为，高能宇宙粒子穿过大气时，也可能产生许多微小而短命的黑洞。注意，天空中不仅有流星雨，也可能有黑洞雨。不过无需紧张，想想它们的尺度，那真的是比毛毛雨还毛毛雨。今后，如果你碰到什么倒霉事情，或者莫名其妙地干了什么追悔莫及的蠢事,你可以说,呃,被该死的微型黑洞击中了。

大型黑洞就不是闹着玩儿的了。它一旦修成,挤压和坍缩就不是结束,而是新的开始,并且成为习惯和需要。它以巨大引力吞吃不幸靠近它的一切,即便是比太阳还大的星体排着队来,也统统照单全收,默默地塞进它的黑皮箱。而这些新添加的材料,又加入并加强了这一场无休无止、不可救药的自我坍缩。你只能眼睁睁地看着干着急,因为里里外外都没有任何力量,来出面抗拒阻挡这种恐怖坍缩。

迄今所知最大的黑洞在星系 NGC 1277 的中心,质量约为太阳的 170 亿倍。看到这些巨大数字都麻木了。据说,终极狂野的黑洞坍缩,可以把宇宙所见的全部星体挤压成一个超巨大质量黑洞。这有点耸人听闻,但也并不奇怪,我们早已习惯,宇宙既是一个宁静的后花园,也是一个超级狂暴的物理试验场,无论多么骇人听闻的试验都敢做。真是名副其实的宇宙无底洞呵。那么会不会某一天,这个大家伙(起名 the Big One 如何)终于憋不住了,一举爆炸,炸出一个全新版本的宇宙来? ——呃,从常识看,至少它搜罗在仓库里的材料是够的。

这个事,黑洞不会让人失望,后面还有惊人假说,此处暂时放下。

黑洞为什么黑?

因为它不发光。它为什么不发光? 因为光线像苹果掉在地上一样,掉进它里面去了。如果我们前面还在为光线有固定速度而惊讶的话,黑洞会给我们上一堂更加匪夷所思的课——它能吞噬光线。更准确地说,黑洞并非扑灭火炉或者遮挡光线,而是任何光线都像燃料不足的火箭,飞到半道又掉回去了。

前些年,黑洞专家霍金一项重要研究成果表明,黑洞其实没有那么黑,是灰洞! 这个嘛,涉及黑洞的纯洁名声了,江湖上一度谣诼纷纷,有必要厘清一下。那是量子效应在黑洞旁边玩的一个并不有趣的魔术,发灰程度非常非常小,丝毫无损于它黑道大佬的赫赫招牌。

霍金的研究是,根据量子理论,宇宙任何地方的真空里,都在时时刻刻地发生着高密度的量子波动,无数虚粒子对儿自娱自乐,欢快地舞蹈。由于它们极端微小，而且总是在极端的瞬间双宿双飞、共生共灭，你根本意识不到它们的存在和消亡。但在黑洞周围空间——你想那是多么危险的地方——情况就不一样了，总有一些虚粒子的舞伴儿会不慎跌落黑洞。跌落进去的，将获得永恒。但丢失舞伴的粒子呢，就傻眼了，因为它根本就没有游历你们这个宇宙的打算和准备，本宇宙强大的排异力，将把这些失魂落魄的家伙弹射到遥远深空。结果怎样？——看上去，黑洞在发射粒子！

这就是所谓的"霍金辐射"。更深入地说，跌落黑洞的粒子，是被黑洞的引力拉进去的，而这需要耗费黑洞的能量，因此弹射出去的粒子，相当于从黑洞那里带走了引力能量。这，意味着黑洞在蒸发。由于量子态的虚粒子非常微小，所以霍金辐射是非常温柔的。质量约为三倍太阳质量的黑洞，辐射产生的温度大约比绝对零度高出一亿分之一度。当然，再温柔也是辐射，因此就成了灰洞了。

黑洞很黑，面黑心更黑，后果很严重。

大尺度压缩的结果是，所有的一切都碎了，形成我们迄今无法理解的高密度、高质量、高引力。黑洞就好比一个终极粉碎机，所有东西都压碎了，碎到彻底又彻底。——碎成粉？不对，再压。碎成汤？也不对，再压。碎成气？呃，还是不对，那是地球这些小个头干的小把戏。究竟碎成什么，没有人知道，因为构成一切天体、世间万物的原子核都碎了。黑洞里面，根本就不是任何能够称为东西的东西。

顺便又要提到《星际穿越》。库珀救女心切，坚持进入黑洞，而且进了黑洞还要鼓捣跨时空维度的信息传递，这个情节根本就没有丝毫可能，无论他穿多么强悍的太空服都不可能。黑洞的引力，从外到里急剧增强，任何东西在跌入其中的过程中，都将被拉扯成细细的长条，西方科学家将之比喻为意大利面条，中国人不妨设想为兰州拉面。库珀不可能例外，因为他和他的太空服都是原子构成的物质，"面条化"是不可避免的结果。而该片编剧兼科学指导，竟然是大名鼎鼎的基普·索恩，著名的理论物理学家、黑洞权威、时间穿越机器研究专家。看来,剧情需要可以让科学委屈一下,无论有理无理,黑洞这样的"明星"必须震撼出场。

在黑洞里,我说"所有的一切都碎了",这个论断是比较严谨的,因为就连我们赖以认知这个宇宙的当代理论物理学本身,也碎了。所以,黑洞里面怎么啦——这个问题几乎是无法直接讨论的。人类的心智只能无限地接近它,而不能进入它。科学家发明了一个奇怪的、还算基本恰当的词儿——"事件穹界"(event horizon)来描述它,那是绝对禁区的标志,是理论物理的边界。

黑洞穹界跟宇宙边界不一样,但跟宇宙边界一样无法亲近和侵犯。刚才我们知道,宇宙的边界是根本找不到的、压根就不存在的东西。黑洞虽黑,但它实实在在就在我们身边,我们看不见它本来的尊容,但可以亲眼目睹它正在干的事情——由于它周边燃烧着的恒星被它撕扯吞噬,激起烈焰腾腾。那样激烈的大事件,别的正常天体干不出来。银河系中心光芒万丈,就因为那里有一个超大质量黑洞。

我们没有找到宇宙边界,但在"事件穹界"这里碰到了人类认知能力的边界。在 1 000 亿光年的地方,我们的目力达到极限,在黑洞旁边,我们的认知能力达到极限。

严格地说,"黑洞"那个东西不能妄称黑洞,就叫"XX 事件穹界"更为合理一些。因为对黑洞内部的任何确定性描述,一开口就是错的。谈论它的大小软硬都是不对的,你没有机会在它的尺寸后面添加零。谈论它的早晚迟速也是不对的,既没有天长地久,也没有转瞬即逝。事件穹界之内,是绝对为负的世界——凡是你确切知道的一切,它都不是。当然,这不过是科普的一般说法。黑洞如此古怪,吸引全球一大批最优秀的脑袋,为之进行了数十年的冥思苦想和激烈论战。黑洞要想严严实实藏住自己的秘密,在神勇的 TOE 科学家面前,也并非易事。比如刚才,就连它仅有的那么一丝灰,都被霍金猜到了。

为了摸清黑洞的脾气,科学家们做了不少稀奇古怪的思想实验。比如著名的"黑洞信息悖论"。1976 年,霍金提出,把一本《大不列颠百科全书》和一把椅子扔进黑洞,结果会怎样?椅子和书肯定是永远都追不回来了,椅子倒无所谓,总有一天,比如 10^{100} 年之后,黑洞会通过粒子辐射把椅子碎渣吐出来。可是书中包含的信息,只怕就彻底没救了,野蛮无知的黑洞肯定是拒绝学习进步的。你就像和尚敲打木鱼那样拷打它,除了构成纸张和墨水的粒子,绝对不会给你吐出任何一个有趣的 idea,或者一句励志的格言来。霍金就是这么看的,他认为,宇宙有些信息不明不白地人间蒸发了。但是,量子理论不能接受——我们没有必要深入了解它为什么不接受,反正是重要的专业问题——宇宙信息总量的丢失。加来道雄说:"根据量子力学,信息永远不可能真正消失。信息一定会飘荡在我们宇宙中的某个地方,哪怕原来那个东西被喂了黑洞。"为了霍金扔进黑洞的那本百科全书,科学界掀起一场长达 30 年的学术争论。美国科学家伦纳德·萨斯坎德著有《黑洞战争》一书,详细记录以他和特霍夫特为一方、霍金和基普·S. 索恩为另外一方的争论过程。争论以霍金认输告终,信息守恒,知识不灭。总之,人类通过黑洞研究,懂得了许多重要东西。萨斯坎德等人后来成为弦理论的代表人物。

　　毫无疑问,黑洞依然是本宇宙一个相当深刻的谜。既然不可知,则一切皆有可能。我们可以发问:黑洞是不是宇宙的漏洞,一个神秘出口?美国科学家卡尔·萨根说:"黑洞可能是通往其他宇宙的孔。根据推测,如果我们跳进一个黑洞,我们会重新出现在宇宙的不同部分和另一个新纪元中。""黑洞可能是通往奇境的入口。但是有爱丽丝和白兔吗?"宇宙这个古怪家伙,它的边界并不在四野大荒,竟然就在我们身边,竟然就是这么一个窟窿。而且我们要知道,黑洞在宇宙间并非什么稀罕货,到处都有它们的影子。一些大腕级别的黑洞坐镇星系中央,一些较小的黑洞则四处游荡,它们号称宇宙的顶级存在,对宇宙的演化产生深刻影响。前面已经提到,银河系里有 400 多个黑洞,可见宇宙中至少有几十亿个。

　　这宇宙是不是千疮百孔、八面漏气啊?

　　窟窿之外是什么?再捋一遍,有两种可能:第一,我们今后能够知道。那么,它应该算我们的宇宙。这样,宇宙到底有多大的问题需要重新审视,谁知道那一片另类天地有多大。第二,我们永远不知道。那么,我们确实就是真切地抵近了宇宙边缘。有谁能够表示不同意吗?我们能够无限接近,但总有一片另类天地无法真正体会。

也许是出口,但肯定不是安全出口。

4 万物终究无物，只有弦的震动

自古以来，物理学家，包括我们普罗大众，总是坚定地认为，万物一定是由某种无限小的颗粒构成。小了、再小，除非直到令人信服的无以复加的地步才肯罢休。这个好奇心是没有理由、也没有止境的。另一方面，对于能不能找到这样的"宇宙最小"，我们其实并不抱有彻底的希望，因为我们秉持一种朴素的哲学观念：任你如何小，事物它总可以再小，是不是？

请注意 TOE 的最新结论。弦理论和超弦理论认为，宇宙万物的最小构件，是一种非常细小的丝弦。而且，到尽头了！——太突然了，这是要动摇"没有最 XX，只有更 XX"的基本法则。当初伽莫夫认为中微子、夸克是最小粒子时就说，我们已经刨根问底了。教训啊！

原子是万物零件，但远远不是最小组分。

我们早已知道，万物都是原子构成的，从亚里士多德那时起，它就被视为万物最小零件。因此，追寻宇宙真正的最小零件，总是要从原子开始往下深入。

原子内部非常空虚。这个很重要，我们复习一遍：如果把原子比作一个悬在空中的足球场（当然没有草坪，立体的），几粒肯定比蚊子还小的电子，精灵般神出鬼没，笼罩着球场中心一粒比图钉还小的原子核。齐了，整个一颗原子，全部东西就这么一点点。也就是说，宇宙造物，非常浪费空间。

我们可以想一想，假如把原子里多余的空间全部挤出去，"干货"还能有多少？科学家说，如果万物的所有原子和电子都压进一个空间，那么，地球将收紧为一个 100 米半径的球体，如果把它镶嵌在北京的长安街上，看上去跟中国国家大剧院那个鸟蛋差不多。每个原子的质量（那是真正的万物"干货"），绝大部分集中在原子中心那么一丁点大小的原子核上。别嫌它小，如果把你全身所有原子的核子拿掉,你的伟岸身躯并不会受到影响,而你的体重却将锐减为 20 克左右,还不足一条普通金项链的分量。

当我知道这个真相,第一反应就是纳闷:万物如此稀松,是不是很容易挤压成一小撮电子和核子? 比如,以头撞墙,能不能指望脑袋或者墙壁的原子们可以稍微挤一挤,从而减轻痛楚? ——别不屑一顾,我始终觉得,像这类在科学看来愚蠢之极的问题,实际具有重大的科普意义。常识与科学的距离就在这个地方。科学的原理在于,一个原子一个原子地挤压,当然没有问题,但这种以大欺小的事情不可能发生,我们没有足够尖细的手术刀,能够伸进去拨拉原子中的那些电子。能够挤压原子空间的,也只能是手术刀尖口上的另外一些原子。麻烦的是,绕核电子之间的排斥力,足以确保各个原子一辈子谁也动不了谁。一根筷子可以轻易掰断,一把筷子就难说了。100 亿个稀松的原子,照样可以打造一颗坚不可摧的铁钉,要多硬有多硬。

让更多的原子自己去挤压,情况如何呢? 当然可以,而且常见,只是参与挤压的原子必须足够的多。我们重温一下恒星的演化历史:一颗像太阳这样的恒星,在氢氦等轻元素聚变反应结束后,烧结成稳重惰性的重元素,然后引力导致坍缩,核子破碎为中子,电子云破碎,最终将自我压缩成一座尺寸相当于曼哈顿的小岛,成为中子星。这算得上紧实到极致了。如果它落到地球上,立刻洞穿,谁也别想挡住它,就像滚烫的子弹射进一块豆腐。这些,都是在进行原子空间挤压。还想压紧点? 别,那就要成黑洞了。

可见,对于探索宇宙终极零件的课题来说,原子实在太大,而且太复杂了。

万物最小组分是像弦一样振动的能量。

原子尺度之下,还有许多极小颗粒,如电子、质子、中子、夸克,等等。但是,没人能够证明它们中的任何一个,就是终极最小粒子。近几十年来,全球一大批不依不饶的科学家持续不断地折腾它们,使用越来越大、越来越强的强子对撞机制造粒子碰撞,坚决要把它们打碎,看看更小的东西究竟是什么。

我们顺便了解一个新知。在伽利略时代,物理实验是从比萨斜塔上往下扔铁球,纠正了人类常识中的某些谬误。到了20世纪,伟大的实验物理学家卢瑟福把实验做到不可见的原子核内部,他的实验是用 α 粒子轰击氮核,由此证明了原子核的存在。现在,科学实验手法更猛,已经从被动地观察事物,发展到主动地创造事物,要把世间可知最小的东西——比如原子核里的质子中子,等等——打碎。要知道,这种狂野的事情,是没有经过造物主批准的。

打碎了,结果飞溅出无数前所未见的粒子,大小各异,乱七八糟。有那么一阵,围绕粒子对撞机的各个科学家实验室相当热闹,担任实验助手的研究生们隔三差五就飞奔出来,报告发现了新的粒子。为了给这些全新的粒子起名字,希腊字母、拉丁字母都不够用了。这是怎么回事?这么多不同粒子,肯定不是不可再分的最小零件。显然,"不可再分"必须是最小粒子的基本条件,这是常识。

科学犯晕了,这样下去没有个完。弦理论和超弦理论问世后,不大热衷去敲打粒子,它们另辟蹊径、灵感闪现(我只能这么说,从它们的前身量子理论开始,它们就擅长这样,越过实验进行纯粹的理论推测),宣称宇宙万物最小构件不是任何粒子,而是一种古怪的丝弦。

——对,造物主就是个蜘蛛精!

如果你是跳跃式漫不经心翻阅本书,碰巧瞄到这里,那你没有白瞄这一眼,这是一个非常重大的、关于宇宙万物构成本源的假说结论。

据说,这些丝弦通常非常小,约为质子的一万亿亿分之一。说到这里,为体现科学的严谨,我必须赶紧补充说明,它们某些情况下也可以很长,甚至横贯宇宙,名为"宇宙弦"。这些丝弦依次以不同频率振动和共鸣,构成各种不同性质的粒子。如果我们拨动这个振动的弦,它就会改变模式,变成夸克。再拨,可能就变成中微子。你瞧瞧,费那个劲去弄什么粒子碰撞干嘛!

要想说清楚这弦到底是什么东西,也许只能等待 TOE 的 2.0 版本来作出描述。而且,我向你保证,这个科学理论的发现和论证过程也是枯燥乏味的。本书姑且忽略。我们只需要确认科学家的结论:这种丝弦,就是万物的终极最小构件。几十年过去了,没有新的假说提出挑战。科学家们认为,这个理论出现在 20 世纪纯粹是意外,人类还没有足够的知识准备,也没有足够聪明到可以发现这样的理论,它应该是 21 世纪的先进思想成果。我们"懂事"太早了。

注意,不是极小,而是最小。物质的基本构成,究竟是无限可再分,还是最终有不可再分的程度?这是科学和哲学都高度关注的一个重要课题。对此,本书不会轻轻飘过。物理学认为细分到头了,而哲学就坚决不信,因为亚里士多德认为最小组分是原子的时候,它没有相信,结果它是对的。伽莫夫宣称中微子、夸克是最小粒子的时候,它也没有相信,结果它又是对的。现在,弦理论认为弦就是最小组分了,如果没有别的理由,它当然要再次报以冷笑。

我们没有理由怀疑弦论科学家的基本哲学素养,那么,弦论的自信来自哪里?

第一,能量不是连续的,而是一颗一颗地传递的。由于它们太小太小,即便用最强大的、未来能够制造的更先进的显微镜看来,都是不可分割的。但,连续不是真相。就像河流,抽刀断水水更流,没人能把水流切成片儿或丁儿。其实我们知道,河水无非是一组巨量的水分子,分子之间是有缝隙的。现在量子理论认为,能量也是这样,任何一束能量,都可以视为超高度密集的子弹扫射。一颗一颗的能量近似粒子,所以叫量子。——无法理解?给我上三百个方程式!

我们顺便知道,量子力学就是这么来的。这事儿,正是那个差点转学音乐或别的什么科的普朗克发现的,因此他被公认是量子力学奠基人。1900 年 12 月 14 日,他提出量子是能量的最小单元,原子吸收或发射能量是一份一份地进行的。这一天被确定为量子理论的生日。

第二,空间也不是连续的,而是断裂的。能量不连续已经足以惊掉我们的下巴,现在说空间也不是光滑连续的(专业术语叫"时空离散"),就更令人抓狂了。我对漫不经心的读者是否听清楚这个意思表示忧虑,这是在说,空无一物的空间,放大了看,放大、放大再放大了看,竟然像(有点儿像)筛子。筛子的眼儿?别再往眼儿里望了,不可能有任何东西漏进去,就连能量这种绝对无影无形、无缝不钻的东西,都要拎着包、踮着脚跨过去。你家高压锅当然也是有漏洞的,而且无数个,不过你尽管放心使用,完全不必担心因漏气而爆炸。

回过头来理解前述关于能量的粒子形态,实际上,我们应当反过来说,大概首先因为空间(而且它还裹挟着时间)是断裂的,能量才不得不断裂,呈现量子态。

第三,万物最小者,小不过量子态。更小之处,空间都没了,东西搁哪里?因此,普朗克认为,这是在物理上能够还有实际意义的最小尺度。这个尺度之下,宗教也许愿意谈谈,科学只能保持沉默。

这一切,都是因为极端微观。前面知道,这样的微观尺度叫"普朗克尺度",窃以为,普朗克先生就应当算作发现并定义"宇宙最小"的人。前前后后我们谈了那么多,知道这个"宇宙最小"究竟有多小吗?格林说,如果把原子放大到现在这个宇宙那么大,将普朗克尺度等比放大,也就只有一棵树那么高。仔细想想这个尺度吧,你会对"匪夷所思"这个词儿的意思建立新的感觉。弦,就大概是这个尺度。我确信,你一辈子都不可能有机会亲眼看见它,对此,格林还作了个比方:你要是能够直接用眼睛看见弦,那么你再跑到 100 亿光年之外的远方,还能看清楚这行字!

时间也有最小单元,它的最小刻度称为"普朗克时间"。一个单位的普朗克时间,你当然很难想象那是多么的短暂。看好你的手表,滴答一下只是过去了一秒钟,但这一秒钟对普朗克时间来说是非常非常漫长的。你可以算一算,从宇宙大爆炸开始直到今天,这 137 亿年总共是多少秒,那么你就可以知道,在刚才滴答一下的一秒钟里包含了多少个普朗克时间数量。

还在惦记高压锅的漏眼儿?我向你保证,就算把整个银河系都搓成丝线,并塞进绣花针的针鼻眼儿了,锅里的高压气体也透不出来。

现在我们确立了新的认识:世间没有任何实物形态的基本粒子,只有一些振动着的极端细弦。所谓的亚原子粒子,不是一颗装着一束丝弦的胶囊,真相是,**震荡着的弦"看上去"像粒子而已。**如果本书以后还要谈论亚原子粒子,那也是这个意思。不同振动模式的弦,形成不同性质的粒子。弦有多少振动模式,就有多少种性质不同的粒子。

这宇宙,响彻着造物主的琴瑟之音。如此文艺,妙不可言。

弦是什么模样?

弦理论认为,丝弦在高维(准确地说是六维)空间活动,以高维形态振动。这很古怪。我们先来看看为什么是这样,六维的猜想是怎么来的?

前面谈到,宇宙本来是十一维的,十维空间加一维时间。宇宙大爆炸导致十维空间发生对称性破裂,这是一个有趣的过程。科学家解释说,宇宙大爆炸之初,大量丝弦呈现量子沸腾,在激烈碰撞中生生灭灭。从一维到三维空间,这种碰撞的频繁程度呈几何级数降低,三维空间已经足以解放大量物质免于湮灭,宇宙也就按照三维形态大面积展开。由于弦在更高维的空间里纠缠得厉害,在大爆炸那一瞬间,它们就丢失了展开机会。

通俗地说,宇宙若要刻意沿着一、二个维度来展开,过于精细不好控制;若要展开更多维度呢,又不顺手嫌麻烦;三维空间不紧不松,瞅准空挡就顺势炸开了。余下维度空间服从胜者通吃规则,从此坍缩并蜷曲到普朗克尺度。作为万物最基本组元的弦,就以这种六维姿态生存着。——六维!嗯,这是个好主意,我不再负有死磕下去、拼命解释清楚它到底什么样子的责任。

弦是什么材料?

呃,它是一切材料的材料。它本身不属于金木水火土任何一行,至于到底是什么材料,基本没法说。有一种疯狂说法,而且是我感到科学家们强烈推荐或暗示的说法:根据"科普 TOE 三大古怪定律"之"不实在定律",它根本就什么物质都不是,也许就是一股绕着花、打着结的丝状能量。

现在,我们回到前面的哲学讨论,何以说物质最小组分不可无限再分? 答案是:归根到底,万物无物,亚原子粒子之下,再没有任何实在之物,你如何拆分它? 哲学是无辜的,问题出在我们的基本概念,我们常识中的"实在"究竟是什么意思,看来需要重新掂量,需要革命性的重新定义。

按理,能量在每一个瞬间都可能消散于无形,不可能充当固定的物体拼装材料。那么,这些丝状能量何以能够构成坚实具体的大千世界? TOE 吞吞吐吐地解释说——根据我听明白的意思——它们太小,在六维空间的断点上,以极端高频持续抖动,加之力的作用,各种斥力和引力搭配起来,"粒子"得以独立存在。这样,实者虚之,虚者实之,世界万物就不会化作一缕青烟了。

不讲理? 没地方说理了。实际上,TOE 的依据是:唯有这样推测才是合理的,它可以描述一切物理现象,解释一切物理问题(当然,除了它自己)。老实说,我不敢说听懂了科学家的理论解释,更看不懂科学家的公式推导,我的敝见,这基本上就是一个思辨问题。这事儿没完,暂且放下。

许多人都看见,神佛他们会心地笑了。

5 正负抵消，宇宙就是一顿免费午餐

宇宙存在各种物质能量，无论多么奇怪的形式，它们总是实实在在、货真价实、明明白白的现实存在，是"正"的。搅来搅去感觉废话，我真正想说的是，应该还有一个"负"的宇宙。

负存在，即负的物质和能量。我们谈论负存在，并不打算去解决与之相关的物理难题。我们关心的，是基于科学的哲学问题，如果负存在是真实事实，那就可能证明一个惊人秘密：

宇宙万物无中生有。

TOE 认为，宇宙给予我们的，也许就是一顿免费午餐。这个话是古思说的，在业界流传甚广。意思是说，造物主白手起家，凭空缔造宇宙。这，在我看来几乎就是宇宙真正最不可思议者。简单地说：世界万物不是谁额外赠送的，根本就是大自然自己在没有任何人帮忙的情况下，凭空折腾出来的。宇宙的财务报表数字很大，收支相抵，其实是零。

我所说的负存在，应该是反物质、反能量。不是前面所说的暗物质、暗能量，因为它们不仅暗不可见，而且基本性质全面相反。目前的科学关注较多的是反物质、负能量。另外还有负物质，但跟反物质不是一回事，但我感到概念太多，只要我们的话题不偏离相关理论的基本精神，就没有必要过于复杂。就谈反物质、负能量好了。

顺便强调一个：我们谈论物质和能量的时候，常常一起连带着一起说，因为根据 $E = mc^2$，物质和能量可以互相转化，它们是等价同效的。同理可知，反物质和负能量应当也是这样。物质化为能量容易理解，怎么才能把无影无形的能量捏巴捏巴就搓成物质，有点费解。不过，这项工作虽然我们做不来，但对宇宙自己来说并不算困难。创世之初就根本没有任何一颗星星,甚至也没有任何一粒原子,只有能量,没有物质。后来能量冷却,凝聚为物,从亚原子粒子到坚硬的岩石。全过程大抵如此。

先看看反物质。

我们知道,电子电荷为负,质子电荷为正,虽然我们司空见惯,但科学认为有点蹊跷。为什么就没有正电荷的电子、负电荷的质子? 是啊,谁给个理由?

怀疑有理。1928 年,保罗·狄拉克(剑桥大学卢卡斯数学教授席位的大人物,这个席位前有牛顿,后有霍金)率先提出反物质思想。他曾经说:"最令人百思不解的是,世上竟然有东西,而且与没东西相比,有东西是毫无道理的。"他通过琢磨量子力学和相对论,发现爱因斯坦那个著名的方程式应当加上正负号,将 $E = mc^2$ 修改为 $E = \pm mc^2$。简单地说,仅仅通过数学计算就能够揭示反物质的存在。狄拉克的相关科学发现意义非常重大,1933 年获诺贝尔物理学奖。霍金说:"如果狄拉克为狄拉克方程取得专利的话,他会发一笔大财。他将从每台电视机、每台随身听、每套电子游戏和每台计算机上收取专利费。"请年轻人来看看,物理大有前途呵。

不过,我们在宇宙中找不到一丁点反物质。说找得到,那是科幻,找不到才是正常的,因为正物质如果与反物质相遇,必然湮灭,毫不迟疑。当然,这种湮灭照例要转化为能量,而且是彻彻底底的转化,一点残渣不剩。这就是说,它们的相会,将产生惊天动地的爆炸。1 000 克物质与反物质相碰,大约能产生 10^{17} 焦耳的巨大能量。这比核弹威力强大得多,因为核弹爆炸是由铀 -235 等重元素裂变为较轻元素,质能转化并不彻底,爆炸效能不足 10%。

有鉴于此,在我们这个由正物质主导的宇宙里,显然没有反物质存身之处。我们不用担心谁把反物质雪藏起来,孤悬黑暗太空也不行,太空中无时无处不飞舞着各种辐射粒子,都是正物质。而且量子理论证明,量子波动效应不会允许太空真正地、绝对地空无一物,还有海量的量子态虚粒子对在沸腾。就是说,看似一无所有的太空真空,并非真正的真空,是物质充盈着的假真空。

　　人们不会轻易放弃找到反物质的希望。有科学家在猜测,宇宙深处、非常深处,是否会有反物质星星和星系? 如此思想解放,感觉有点没边儿了是不是。

　　这个事情,最好别太科幻。科幻说反物质武器十分厉害,但科幻并不认真考虑它严重的"见光死"特性,也不认真考虑制造技术和成本,更不认真解决存储、运输和发射难题。不要害怕任何敌人突然从兜里掏出反物质弹药来实施突袭,哪怕区区 1 克。科幻还说中子星武器十分厉害,一颗炮弹大小的中子星武器可以轻易洞穿地球。没错,但如何防止这个超重家伙洞穿贵军的弹药箱,还有仓库地板?

　　反物质只能存在于创世之初,而且肯定存在于创世之初。那时,正反物质应当是等量齐观、生死与共的。科学推断,创世之初,正反物质成双成对地从虚空中诞生(无中生有),然后又迅速地、成双成对地湮灭。创生宇宙的大爆炸那一极端短暂的瞬间,在量子效应的影响下,宇宙对称性突然发生破裂——你可以想象,那一刻造物主顿足惊呼:坏了! ——正物质粒子莫名其妙地比反物质粒子多出十亿分之一。这富裕出来的正物质,演化形成我们的世界万物。

　　这个推断得到了科学验算的间接证明。创世之初,大量正反粒子的湮灭必然归于能量,应该以热辐射的形式留存在宇宙。科学家设想,把现存每一原子的热能加总起来,看看是否与十亿分之一的数值相符合。这项任务虽有困难,但还不至于做不到。结果表明,预言是正确的。

　　我们的世界何以丢失了反物质,只剩下正物质? 这个问题也可以反过来说:何以丢失了正物质,只剩下反物质? 这个嘛,物理科学还没有搞清楚。反正要想得到一个完整世界,二者必须牺牲一方,否则大家一起玩儿完,宇宙爆炸也白爆炸。庆幸的是,结果是正物质赢了。不过我们不知道该感谢谁。若是反物质赢了,世间万物该如何颠倒? ——呃,别费劲了,靠我们正物质造的、在正物质世界进化了几百万年的脑瓜子,任何想象和比喻都是蹩脚的。但我们可以推断,反物质应当就在另外一个神秘地方,并且可能已经发生了什么。后面将谈到这事。

仔细想想，找又找不到，碰也碰不得，岂不就是典型的多余问题。把我的奥卡姆剃刀拿来！——慢着，人类已经把反物质制造出来了。根据狄拉克的预言，1955 年，加州大学伯克利分校制造出了第一粒反质子，它与质子完全相同，但电荷为负。

注意：从来没有任何人见过，天地间无处寻觅的东西，生生被人造出来了，这可是不折不扣的"创造"！当然，你知道这颗反物质粒子是多么的小，你要问它究竟什么样子，科学家是没有办法回答的。40 年之后，CERN 制造出 9 个反氢原子，费米国家实验室随即制造出 100 个反氢原子，了不起啊。我们都忍不住要去想象，这些产品的包装盒是什么样子，也许，可以考虑用磁悬浮方式封闭在阿拉丁神灯里。实际上科学家还不需要考虑包装问题，因为这些反物质粒子如此短命，存活仅 0.17 秒，都来不及落在地上就没了。

成功制造反物质，是狄拉克方程式的胜利。他说："事实证明，我的方程，比我自己要聪明得多。"

目前，反物质制造产量不断攀升，据加来道雄介绍，年产量已经达到0.000 000 000 01 克以上。这些产品如果用来与正物质对消，爆炸能量已足够将一个电灯泡点亮几分钟。持续努力 1 000 亿年，反物质总产量可望突破 1 克。当然，反物质肯定是世界上最贵重的东西，按照当前的物价成本，造这 1 克需花费 10 亿亿美元。所以，尽管咱们的各种发电站太小太弱，对于要不要催促科学家们搞快点，还是应当三思。

在太空中寻找反物质星系太悬了点，找反物质粒子还是有一线希望的。从20 世纪 90 年代开始，华裔美籍科学家丁肇中主持的 AMS 项目，就致力于寻找反物质和暗物质。2011 年，AMS 由美国"奋进号"航天飞机送入太空，这是目前唯一永久安放在国际空间站上的大型科学实验。丁肇中坚定地表示说："在北京下雨时，每秒钟有 100 亿个雨滴，如果有一个雨滴是彩色的，我们就要从这100 亿个里把它找出来。"

关于反物质的研究，至今还在不断深入。

最新的科学成果证明,电荷宇称破缺(CP violation)是宇宙中物质比反物质多的原因。美国费米实验室的正负质子对撞机,那个被欧洲的 LHC 排挤为世界第二的大机器,虽然没有率先轰炸出上帝粒子,但在撞出反物质粒子方面成绩不俗。费米实验室的 DZero 协作小组等团队的研究发现,中性 B 介子行为不对称。中性 B 介子是一种特殊的奇异粒子,性质极不稳定,它能在正物质和反物质状态之间反复振荡,每秒钟变换 3 万亿次。这里顺便向科学界进一言,我觉得它应该有一个严肃的江湖名字:鬼粒子。

在粒子碰撞实验中,B 介子衰变为 μ 介子的频率,比衰变为反 μ 介子的频率高一点点,经过碰撞结果的数据筛选,科学家得出重要结论:物质比反物质要多出 1% 。我理解,B 介子是轻度跛脚的鬼粒子。这个事情,被评为 2010 年十大科学发现之一。费米实验室理论物理学家乔伊·拉肯以骄傲的口吻说:"我现在还不敢断言我们看到了上帝的模样,但我们可能已经摸到他老人家的脚趾了。"

再看看负能量。

负能量跟反物质同样费解,如果找到了或懂得了反物质,差不多就等于找到了或懂得了负能量。按理,关于负能量的议论可以就此结束。不过,事情没有这么单纯,负能量似乎在现实宇宙中另有表现。

科学倾向于认为,万有引力就是一种负能量效应。科普作家爱举这样一个例子:一头驴掉进坑里,谁干的? 万有引力。现在你把它拉上来,当然你必须消耗能量。驴回到地面站稳了,能量为零。就是说,你付出的能量,抵消了万有引力的能量。你的能量当然是正能量,那么万有引力的能量就是负能量。

比喻未必恰当,原理非常深刻。

万有引力一直就是最莫名其妙的一种基本力。我们这个宇宙有四种基本力:万有引力、电磁力、弱核力、强核力。对此,有人形象地作出类比:苹果落向地面、一道闪电划过长空、核电站反应堆里的铀原子衰变同时放出能量、超级加速器击碎质子,请考虑这几种现象,它们分别就是自然界四种基本力的典型。

宇宙间所有的物理现象都可以用这四种基本力进行解释。如果没有这些力，宇宙万物不堪设想，一粒沙都造不出来，一秒钟都呆不下去。但这几个力中，万有引力最古怪。用八卦思想来看，万有引力简直就是造物主太极推手使出的力量，绵软而无比强大。

——说软，它软得惊人。我们轻轻拿起苹果，就可以抵消重达60万亿亿吨的地球对它施加的引力。精确地看，有科学家通过计算指出，如果引力可以抬动一个1毫克的跳蚤，那么电磁力就可以抬起100万个太阳。你的身体像今天这样伟岸挺拔，主要靠的是电磁力的支撑，你之所以没有被自身重量挤压成为一团淤泥，就是因为电磁力作用远远超过了引力作用。

——说强，它也强得惊人。别看电磁力、强核力、弱核力它们很强，能够把电子、原子牢牢捆绑起来，要靠LHC这种十几万亿瓦能量的大家伙才能轰开，但是，它们没有任何一种可以像引力那样，能够驱动行星、恒星、星系运转千万年。

超弦理论在统一相对论和量子理论的过程中，电力、强核力、弱核力都顺利统一了，只有万有引力是最后被招安的力（是否真的已经被招安还非常可疑），多半就因为唯有它是负能量的载体。想想看，万有引力基于质量，有质量就天生有引力，有多大质量就有多大引力，而施加引力的物质并没有采取任何行动。一块最死气沉沉的石头，也能产生引力，而且时刻都有。老实呆着也是在发功，是不是啊？

再想想砸向牛顿的苹果，苹果并没有安装电池，地球也不是吸尘器，苹果跌落的动能，跌落前的势能，不是负的能量是什么！格林论述道："哪里有引力，哪里就有一个深不见底的蓄能池……如果你跳下悬崖，你的动能（因为运动而就有的能量）就会越来越大。引力，这种迫使你运动的力就是能量的源泉。在实际情况下，你总是会撞向地面，但从理论上讲，你可以沿着一个深不见底的兔子洞一直往下掉。"掉落过程中，运动的正能量越来越大，引力的负能量也越来越大。从这个意义上讲，万物都是从引力的负能量那里借贷而来的。格林说：

"引力就是物质的干爹。"

宇宙从大爆炸创世开始,巨大能量推动宇宙膨胀,造就万物烈焰滚滚,驱动万物浪迹天涯,而万有引力又总是持续地试图把万物拉回来、聚起来。科学家测算加推断,宇宙万物的正能量与引力的负能量刚好可以互相抵消,全宇宙总能量为零。收支平衡,果然是一顿免费的午餐。霍金说,那是凯恩斯经济学的胜利。只不过,宇宙欠下的能量债务,要到宇宙终结时才能偿还。

这,难道还不够古怪吗?

第 5 章

离 奇 生 死

宇宙之生：一无所有的宇宙，从一个针眼儿大小的亮点爆炸
　　　　　出世。

宇宙之死：万寿无疆的宇宙，将在绝对难以理解的漫长时间之
　　　　　后，悄悄地自行蒸发。但是稍不小心，也可能跌落
　　　　　回从前那个针眼儿。

1 大爆炸,真的吗

宇宙起源是一场大火灾吗?

人类为宇宙起源问题郁闷了太久,几千年没有靠谱答案。

没有妈妈、妈妈的妈妈,给我们讲那过去的故事。科学的特点是:如果你没有依据,你就不应该像神话故事那样瞎编瞎说。不知道,又不能说,就只能一直跟宇宙这么默默地僵持着,苦苦耗着。因此,在物理科学相当长时间的认识里,宇宙无根无缘、无始无终,亘古不变、呆立万年。

牛顿时代,宇宙这种大呆形象成为标准,它在空间上是无限的,物质构成上是均匀的,没有开端,也没有结局。谁要瞎编杜撰,就要唤奥卡姆剃刀候着。但这种莫名其妙的形象,毕竟有点蛮不讲理,非常不能让人满意,不断遭遇挑战。后来有人找出了明显毛病,著名的"奥伯斯(Olbers)悖论"和"本特利(Bentley)悖论",动摇了这种大呆标准像。

奥伯斯悖论——天空为何不是一片火海? 太空漆黑,你大概从来没有想过,这其实是一件怪事。有个叫奥伯斯的人说,如果宇宙是均匀和无限的,那么不管你往哪个方向看,你都会看到从无数个星星发出的光。凝视夜晚天空的任一点,我们的视线将最终穿过不计其数的星星,接收到无限数量的光线。因此,夜晚的天空应该是一片火海。

对呀! 这是一个颇有点意思却似是而非的悖论。加来道雄说:"对这个悖论的回答是如此混乱,以至1987年的一项研究表明:70%的天文学教科书都给出不正确的回答。"有说宇宙被一个壳包裹着,显然是瞎扯。有说星云阻挡了星光,也是错的,因为无限的星光迟早要把所有星云烤热烤亮,请掂量一下是不是? 有说星星离得越远就越暗淡,也不完全对,因为宇宙无限,星星也无限,有足够多的星星照亮我们的天空。可见,宇宙肯定不是无限和静止的。

本特利悖论——星星为何没有撕碎或碰撞? 经典物理认为,万物都有相互的吸引力,这是对的,但仔细想就有奇怪问题要冒出来。有一位叫本特利的牧师,当年写信给牛顿说,既然万物相互吸引,星星们应当聚集到一起。无论它们相距多么遥远,引力多么微弱,早晚有相聚的一天,对不对? 如果宇宙是有限的,星星们最终将会相撞聚合成一个燃烧的超级星球。如果宇宙是无限的,作用在任何物体上的力,向左的和向右的力,也是无限的,因此星星终将被撕成碎片。总之,它们不应该这么傻傻地呆着,一动不动。

牛顿勉强回答说:那么,宇宙是均匀的、无限的。但人们意识到,这种均匀的宇宙太不靠谱,只要有一颗星星晃动一点,马上就会引起连锁反应,星团就会立刻开始崩溃。牛顿只好请上帝帮忙了:"需要一个持续不断的奇迹来防止太阳和恒星在重力作用下跑到一块儿。"有上帝撑腰,牛顿和他的理论暂时可以免于崩溃。

两个悖论,都还是思想实验。但已经足以证明,宇宙绝对没有那么老实。宇宙科学常常就是这样,仅仅靠思辨就可以解决很多问题。比利时牧师、物理学家乔治·勒梅特最先提出大爆炸理论,其后逐步受到相对论的重视。科学家伽莫夫较为系统地阐述了这个假说——现在早已成为大众耳熟能详的创世故事。根据这个假说,宇宙时间空间都有限,但并不均匀,而且所有天体都在持续飞散。因此,前述两个悖论都不是问题。

这个剧本设计天生就讨人喜欢:让宇宙起于一点,让万物突然出现,简单明快,通俗易懂。——宇宙大爆炸,够刺激。

证据1 ——到底是不是,我们需要亲眼看见。

想看见? 难道我们还骑在大爆炸飞出来的弹片上?

呃,是的。要不怎么叫疯狂宇宙!

人类最厉害的望远镜叫哈勃空间望远镜,它看到的东西太多了。几乎所有关于宇宙的科普都会仔细讲到,1929 年,美国科学家哈勃通过望远镜观测发现一个惊人现象：所有星星、星系们都在相互远离（相关原理基于"红移现象"——观察远方的物体，退行速度越快的，传回的光线波长变长、频率降低，成为红斑）。这意味着，宇宙不呆，它在膨胀。说膨胀容易招人误会，实际情况就是爆炸，所有星星和星系都是高速飞行、四下飞溅的弹片，而且比弹片快得多得多，就在当下，依然在飞。

由于我们的望远镜不仅能够观察到许多亿光年之远，而且能够观察到许多亿年之前，我们可以发现宇宙膨胀现象，早在很多年前就一直在持续。这就进一步意味着，倒推宇宙这种膨胀过程，必然有一个起点。对了，换上谁都自然要推测，宇宙始于一场创世大爆炸。这毫无疑问是当代天体物理发展史上最具影响力的重大发现之一。因此我们这个时代最伟大的望远镜叫哈勃空间望远镜。

证据 2　——还需要找到"冒烟的枪口"。

一百多亿年前发生的一场爆炸事件，现在还能听到回音？

是。

有一个"鸟屎和大爆炸"的真实故事广为流传。科学家伽莫夫、阿尔法和赫尔曼认为，宇宙大爆炸的硝烟（科学上叫宇宙微波背景辐射）应该还在宇宙间弥漫。推断摆在那里，大家将信将疑。后来，两个年轻的科学家彭齐亚斯和威耳孙戏剧性地发现了这些硝烟。1965 年，他们操作一个大型射电望远镜，在寻找无线电信号时碰到静电噪音。他们一直以为这些静电噪音可能是尘土和碎片造成的，于是他们对望远镜进行了仔细清扫，包括"一层介质材料的白色涂层"（鸟屎），结果静电噪音似乎更强了。最终，他们"被迫"发现了宇宙微波背景辐射，那就是宇宙大爆炸的余晖。谢谢鸟屎，他俩得了诺贝尔物理学奖。

现在我们知道，宇宙大爆炸的"硝烟"人人有机会可见。布莱森的《万物简史》说："把你的电视机调到任何接收不着信号的频道，你所看到的锯齿形静电中，大约有 1% 是由这种古老的大爆炸残留物造成的。记住，下次你抱怨接收不到图像的时候，你总能观看到宇宙的诞生。"

证据3 ——最好再拍一张照片。

你现在有本事回到过去,给自己的童年补拍一张照片吗?

在太空里给宇宙的童年拍照就可以。如果我们还没有忘记天文学家实际也是考古学家的话,对此就不会大惊小怪。2003 年 2 月,又一架超级望远镜 WMAP(威尔金森微波各向异性探测器)——当然,带有超级数码拍照功能——干了一件大事:它拍了一张宇宙 38 万岁时的照片。照片惊人地、详细地呈现大爆炸所产生的微波辐射。这些辐射被称为"创世的回波"。这张宇宙婴儿时期的照片并不好看,花花绿绿,斑斑点点。"然而,这些斑斑点点却让一些天文学家激动得落下眼泪。"这些斑点可能代表创世余晖中的微小量子波动,它们随后扩展,创造了今天照亮我们天空的星团和星系。

证据链条已经形成:宇宙源自一场创世大爆炸。

现在,大爆炸理论已经成为科学研究和观测最广泛且最精确支持的宇宙学模型。我们应当明白的是,大爆炸在理论界基本上得到公认,倒不是科学界对此已经研究透彻,而是只有这个理论,相对来说最能够解释宇宙起源的终极问题。

大爆炸假说回答了宇宙起源问题。这个发现有多么重要呢? 窃以为,无与伦比。

2 大爆炸,怎么啦

从前,一个奇点在街上走着走着,突然就炸了。

于是,我们就莫名其妙、毫无征兆地得到一个超级巨型大宇宙。布莱森的《万物简史》描述了这场爆炸:

> 刹那间,一个光辉的时刻来到了,其速度之快,范围之广,无法用言语来形容,奇点有了天地之大,有了无法想象的空间。这充满活力的第 1 秒钟(许多宇宙学家将花费毕生的精力来将其分割成越来越小部分的 1 秒钟)产生了引力和支配物理学的其他力。不到 1 分钟,宇宙的直径已经有 1 600 万亿千米,而且还在迅速扩大。这时候产生了大量热量,温度高达 1 000 万摄氏度,足以引发核反应,其结果是创造出较轻的元素——主要是氢和氦,还有少量锂(大约是 1 000 万个原子中有 1 个锂原子)。3 分钟以后,98% 的目前存在的或将会存在的物质都产生了。我们有了一个宇宙。这是个美妙无比的地方,而且还很漂亮。这一切都是在大约做完一块三明治的时间里形成的。

科学家制定了一个宇宙大爆炸时间表,先别问为什么,我们看看奇点爆出这个大千世界的主要过程。这是一份时间跳跃、跨度巨大的宇宙简历。

0 秒,怎么啦? 谁都不敢随便说究竟发生了什么,这是个终极秘密。如果非要说点啥,姑且就认为是被某个哲学家摁下了起爆开关。

10^{-43}秒,高温高压,时空破裂。一个比针尖还小的宇宙现身了。这个时期,能量为 10^{20} 亿电子伏特,长度为 10^{-33} 厘米,温度为 10^{32} K。整个宇宙大概处于一个真空的高维空间中。然后,宇宙时空破裂,四维时空以 10^{50} 倍的巨大系数爆发式膨胀,空间膨胀速度比光速还要快。人世间没有这样的快门可以拍照留念。这个时候,宇宙除了足以熔化一切的滚烫热浪之外,几乎一无所有。要知道,此后一百多亿年,宇宙任何地方再也没有重现如此暴烈高温。

这个时候最具直观冲击力的特点,就一个字:烫!宇宙为什么是从滚烫而不是从冰冷开始?这很哲学。烫,只是我们的主观感觉,宇宙曾经从顶级高温起步,仅仅因为宇宙时空扩展,它的能量必须走向稀释方向。如果宇宙反方向坍缩,温度则将向更高处攀升。这对宇宙来说无非是向左走、向右走的问题。滚烫的宇宙,并不比冰冷的宇宙需要更多特别的理由。

10^{-34}秒,宇宙暴胀,不可收拾。 温度降到 10^{27} K,宇宙由夸克、胶子和轻子热乳浆液组成。宇宙达到目前太阳系的大小。窃以为,这个尺度已经相当不小,够宇宙了。这个时候最具直观冲击力的特点,是另外一个字:快!请读者看清楚时间,用"迅雷不及掩耳之势"来形容是严重不科学的,没有什么雷电霹雳可以如此地迅。太阳光抵达它身边的地球,尚且需要 480 秒。因此,我个人不大赞成大爆炸这个概念,这哪里是爆炸,分明就是"闪现"嘛!

这个阶段,正物质和反物质互相抵消,物质微微超过反物质(十亿分之一),超过的这部分,将形成我们今天看到的周围物质。这也许是世界创生以来第一个重大的岔路口,我们的宇宙依靠一种量子运气取得决定性胜利,不再成为一颗哑弹,也相当幸运地没有成为古怪的反物质世界。

3 分钟,核子形成,大局底定。 空间扩散,温度降到足够低,核子稳定。宇宙最初始元素氢、氦的原子核相继产生。原始火球基本结束,创世大局已经抵定,造物主想要后悔也来不及了。人们后来制造的原子弹证明,宇宙创生时的大部分巨大能量,凝聚到了原子核里面。3 分钟后,宇宙温度降至 9 亿度。

1977 年,TOE 终极理论梦想家温伯格写了一部科普畅销书《最初三分钟——关于宇宙起源的现代观点》,专门说这事儿。他对于知道这个重大秘密而有一些伤感,他说,我们不会从中得到什么慰藉,"人类总是不可抗拒地认为,我们和宇宙有某种特殊的关系,认为人类的生命不应该是追溯到最初三分钟的一连串偶然事件的多少带有笑剧性质的产物,而是从宇宙的开始就以某种方式存在了……宇宙愈可理解,也就愈索然无味"。温伯格这番灰色的话流传甚广,许多科学家,以及憎恨科学的什么家,都爱引用,令不少知识精英唏嘘惆怅,甚至抑郁。

38 万年,能量凝聚,原子诞生。此时温度降到 3 000 K。电子与核结合,不被高温撕开,原子形成。这是又一个重要的里程碑,此时的辐射已经被人类测量到了。漫长的 38 万年里,竟然没有发生什么正经事情,就只是制作原子和放牧原子,而且原子品种也非常单调,就氢和氦两款,大致八二开。这个时间跨度之长,匪夷所思。我们还不能忘了,这个过程中,宇宙时空携带着它的原子们始终在一刻不停地飞速膨胀。

10 亿年,星星浓缩,宇宙壮丽。温度降到 18 K。原子勤勉地拼装万物,直至形成类星体、恒星、星系和银河星团。这是哈勃空间望远镜能够探测到的最远时期。如果这 10 亿年演化历史快放回播,我们会看见一幅动人心魄的壮丽场景:氢、氦元素在浩瀚太空中慢慢集聚,先是汇聚成一些跨度巨大的云团,云团内部慢慢分裂,形成更加紧致密实的云尘团,然后进一步收拢成为一个一个旋转的大球。砰!砰!砰!——氢氦核聚变点燃颗颗星球,黑暗宇宙四下里,陆陆续续形成繁华的万家灯火。

65 亿年,加速膨胀。受神秘反重力(暗物质、暗能量的效应)驱使,宇宙开始加速膨胀,仿佛迎来了更加生机勃勃的第二个成长季节。说什么强弩之末不能穿鲁缟,宇宙弹片飞溅 65 亿年之后,到现在又不知被谁猛踩油门,飞得更快了。真是邪。

137 亿年,现在。温度降到 2.7 K,热量都收拢到恒星里了,真空接近冻僵。我们看到由星系、星星和行星构成的当前宇宙。宇宙继续加速扩张。在这段更加漫长的时间里,宇宙运转平淡无味,万事万物乏善可陈,一些星星自我爆炸,一些星星相互碰撞,一些星星死亡成为黑洞。大小星星们通过剧烈的核聚变反应,对氢氦两种元素进行反复冶炼,陆续制造了现今存世的一百多种元素,包括比较稀罕的黄金和钻石。

136.99 亿年，我们。 这个时候（假设 137 亿年很精确的话），据我们目前所知，宇宙发生了一件创生以来最蹊跷、最疯狂、最不可思议的事情：太空深处一粒微尘般的蓝色岩石小行星上，人类有了。

宇宙创生历史大致就这样了。现在回头看看宇宙零秒，那个奇点。

奇点，即奇异之点（singularity），一个在数学上没有可知形状、在物理上没有可测性质的不可思议的存在。它不是任何东西。凡是你能够见过的、甚至虽然没见过但能够推演和理解的任何东西，它都不是。浑不讲理哦，相当傲慢啊。

那科学家干嘛要弄出这么一个怪咖来？这是我们真正需要关注的问题。这需要换个角度来理解——不是谁发现了这么一个奇怪的点，而是人类在穷尽所有数学和物理，把宇宙逼问到墙角根儿之后，剩下这么一个绝望的点。

事情是这样的：前面我们知道，137 亿年以前，一个体积极小、温度极高、密度极大的点，爆炸产生了宇宙。科学家运用最先进的数学和物理知识，探究这个点到底是什么东西。现在，我们已经非常逼近奇点爆发一刹那的时刻，能够描述奇点爆发后 10^{-43} 秒那个时候的情况。那个时候之后，凡是能够用数学和物理来认知的问题，大概都解决了。至少，有可能通过数理知识来解决。但是，如果想再要继续，人类的数学和物理就失灵了。准确地说，人类的数学和物理迟早要失灵，也许今后还可以无限接近，但绝对不可能真正到达奇点。换句话说，**虽然我们与奇点之间只有 10^{-43} 秒，即 0.000 000 000 000 000 000 000 000 000 000 000 000 000 000 1 秒之遥，但那仍然意味着阴阳隔世、咫尺天涯！**

有鉴于此，窃以为，奇点也可以称为"剩点"。

3 大爆炸，为什么

奇点，宇宙终极钉子户就这么戳这那儿。

浩大宇宙从何而来，这个令人惆怅万分的谜题，被简化归结为一个针眼儿小点从何而来。这似乎可以让我们心理好受一点。但你我心里都清楚，万千烦恼无非只是打包压缩了而已。

一问为什么：它为什么要在 137 亿年前而不是别的时候爆炸？又为什么要在那个地方而不是别的地方爆炸？

这个不能问，因为它是时间和空间的创造者。在它天才般地制造时间之前，没有这时、也没有那时，一瞬间都是永恒。在它天才般地制造空间之前，没有这里、也没有那里，一个点就是各处。大爆炸那一瞬间，$t = 0$，造物主果断掐下万世秒表。别生气，咱们必须学会理解和适应这种场景。古代哲学家奥古斯丁的《忏悔录》有一句非常著名的话，被 TOE 科学家们广泛引用：有人问，上帝在制造宇宙之前在做什么？他回答，上帝在给提出这种愚蠢问题的人准备地狱。

二问为什么：它为什么能够从一个小点变化出大千世界、万事万物？哪里来的原材料？

这个也不能问，因为奇点是物理的起点，除了哲学问题，其他一切关于奇点的物理问题都没法谈论。但是，后面将深入讨论，从量子力学发展而来的 TOE，事实上已经突破了奇点禁区，大爆炸原理不再绝不可谈。概括地说，奇点爆炸而出的万物都是从无到有，借一份，就欠一份；借很多，无非欠很多。按照 TOE 的相关假说，奇点源于一个假真空。说假，是因为真空并不纯粹的空，还有一种负能量。这种负能量就是奇点"借"出物质能量的原始驱动力。只要有这个假真空,造就宇宙并不需要很多材料,无需把实际的 10^{50} 吨物资辛辛苦苦收罗起来压成一个点,然后启动爆炸。

这样一来,宇宙大爆炸就成为一件寻常的物理事件。因此,科学家甚至已经在严肃地考虑,要不要小范围重现宇宙大爆炸,在实验室里制造一个 baby 宇宙来看看,那可是相当诱人的疯狂实验。根据科学家介绍,到 2006 年的最新实验思路是,将足够强大的能量注入一个磁单极子中,有可能点燃一个 baby 宇宙,使其膨胀,变成一个真正的宇宙。真是不读书不知道。顺便给读者一个忠告:今后离他们的实验室远一点。如果只是玩泥巴,不必担心他们模仿女娲制造男人女人。而要是发现他们往实验室的地洞里搬运大型发电机,就得提防他们是不是在干盘古开天地的大事情。

古思(我们祝愿他成为第一个人造宇宙工程师)貌似已经在精心备料了。他认为,如果要建立我们现在这样一个完整版宇宙,需要准备“10^{89} 个光子、10^{89} 个电子、10^{89} 个正电子、10^{89} 个中微子、10^{89} 个反中微子、10^{89} 个质子和 10^{89} 个中子”。史上最强悍配方,数量相当巨大。不过,虽然宇宙中的物质能量含量相当大,净物质净能量可能只有 1 盎司(28 克)那么多。格林说,完全可以放进钱包。

宇宙,28 克!

事实上,28 克“酵母”只是宇宙大爆炸模拟实验的需要,真实的奇点,是没有人为它提供这份“酵母”的,它既然能够从无到有创生这个大千世界的万事万物,那么这点“酵母”显然也是多余的,它必须玩“空手道”,不要启动资金,坚持负债发展。

三问为什么:为什么要炸出我们现在这样的宇宙,而不是像我们盛大节日燃放的礼花弹那样? 为什么要炸出三维空间加一维时间,而不一口气炸出八个维度、十个维度?

这个倒是好像可以问。但是,科学的回答令人无语:这大概是个随机事件,说巧也不巧,这些事情,奇点可能都干过! 美国科学家特赖恩说过一句相当富有深意的话:"要回答它为什么产生了,我的敝见是,我们的宇宙只是那些不时产生的东西之一。"比如,它曾经也像礼花弹那样,在你家后院爆炸过。它曾经也制造过许多各种维度的宇宙。你觉得巧,是因为你总得呆在某一个宇宙。说不巧,那是因为你错过了奇点制造的其他宇宙。

如果你觉得奇点炸出这样一个宇宙仍然巧合得难以置信,那为什么不尝试反过来想一想:它如果竟然没有炸出一个宇宙,是不是更加不可思议?对于奇点这种莫名其妙的家伙来说,到底要"有"、还是要"无",不都是一样的吗!这是哲学。如果你对奇点弹唱《一无所有》,它肯定丝毫不会觉得悲情。

不喜欢现在这个宇宙吗?下次投胎再试试运气吧,机会多多。呃,搞一个奇点收藏在家里,镇宅之宝,相当刺激,潘多拉匣子和阿拉丁神灯都弱爆了是不是啊。——别担心,即便它突然大爆炸,一定是在你根本无法理解的时间,以你根本无法理解的方式,炸出一个跟你、以及你所有邻居都毫无关系的新版宇宙。当然,它也可能像你家的盆景植物一样,开出一朵漂亮的宇宙之花。

4 大爆炸, 再暴胀

宇宙必须在创世之初抓紧实施大规模疯狂扩张。

关于宇宙起源, 目前的主流理论是宇宙暴胀假说。它是大爆炸理论的重大修订版。这个假说认为, 宇宙大爆炸不是一般的爆炸, 爆炸之后紧跟着一场非凡的暴胀。从大爆炸之后的 10^{-36} 秒开始持续到 $10^{-33} \sim 10^{-32}$ 秒之间, 在负压力的真空能量驱使下, 宇宙在这段期间, 空间膨胀了 10^{78} 倍, 至少!

这里插一句话: 严格地说, 大爆炸假说已经过时, 不过我们科普读者没有必要搞得这么仔细, 记住爆炸已经差不多了。

大爆炸假说本身有一些不可克服的缺陷, 这些年, 暴胀假说和另外一个 "火劫宇宙" 假说准备取代它, 但都缺乏证据。2014 年, 一则科技新闻引起小小轰动: 最先进的射电望远镜探测到了宇宙微波背景辐射中的引力波信号, 而这正是暴胀假说预言的关键东西。因此, 暴胀假说胜出。这是一个激动人心的重大进步。

暴胀假说对宇宙诞生的描述非常大胆。宇宙突然暴胀, 暴胀速度是人类难以理解的快, 暴胀幅度是人类难以理解的大, 千万不要想象成一只气球呼呼地膨胀。我们不妨这样来感知: 冷不防, 咣的一下子, 一个绝对天高地阔、无边无际的宇宙, 已经悄无声息地闪现你面前, 仿佛它上辈子的上辈子就呆在这儿了, 旁若无人 (真的无人)。宇宙究竟暴胀成多大? 说法很多, 最惊人的尺度是里斯出具的, 我们前面已经领教了。

我们想知道, 一个莫名其妙的奇点, 说爆就爆, 为什么不像二踢脚、手榴弹那样炸出一堆碎屑, 偏偏要炸出这么吓人的巨大尺度? 答案可能有点令人失望: 因为它必须尽快搞得非常巨大, 否则万物不好交代。显然, 这是在从结果倒推原因。至于究竟什么机理导致暴胀，据说目前有 50 多种解释，但都比较勉强，没有令人信服的结论。

这个理论，是从大爆炸理论遇到的麻烦问题中、为解决大爆炸理论的缺陷而推测出来的。大爆炸理论无法解释宇宙的平坦、均匀以及各向同性，无法解释为何观测不到磁单极以及宇宙微波背景辐射的视界等问题——呃，读者完全可以忽略这些古怪的词语，它们只是对科学家来说非常重要。

仅举其中一例：磁单极问题。我们知道，电子带负电，却鲜见正电子，这本身已经是件怪事。如果大家都认为电子单飞是正常的，那为什么磁极却又总是成双成对呢？所有磁性体，无论你把它掰多碎，它总是顽强地维持南北两极，岂非咄咄怪事。许多科学家坚信，理论上说，磁极应当像电子那样存在单极子。那为什么现实中找不到？一定是因为宇宙暴胀幅度过于广阔，严重稀释了，炸到爪哇国了。我们现在假设，如果真有某一天在足够遥远的地方找到了丢失的磁单极，是不是应该惊叹科学家的厉害？据说，量子理论的科学家们这种神勇的事儿多了去。

总之，古思他们从量子理论中获得灵感，天才地提出暴胀假说：早期微观尺度宇宙中的量子涨落，在宇宙暴胀时期被极度放大，促成大尺度结构的形成。宇宙突然暴胀得越大，越能解释大爆炸理论碰到的各种麻烦问题。因此，里斯版本的宇宙荒唐大尺度，不是没有道理的。暴胀灵感突然袭击古思的时候，他赶紧在笔记本上方写下："伟大发现"（spectacular realization），这个笔记本后来成为芝加哥博物馆的藏品。

5 大爆炸,始于零

宇宙所有物质能量都是借来的,从虚无中借的。

现在,我们回头来看宇宙的从无到有(唉,真的很疯呵)。

创世之初,宇宙物质能量为零。我必须严谨地指出:基本为零。为这事儿,以下我不得不说一些可能让人摸不着头脑的话。要知道,这些话是至少几千篇量子理论论文的内容,刨掉公式和数字,余下内容比这些话多不了太多。呃,有点夸张,也不算过分。

宇宙始于真空,当然啦。但量子理论认为,世界上从来就没有真正的、绝对的真空,彻底一无所有的空间是不可能存在的——好吧,别问为什么了,我承认也许有,但那是另外一些宇宙的事情。在鄙宇宙,任何时候、任何范围的真空,总是满满地充斥着量子沸腾,这样的真空称为量子真空。所谓量子沸腾,就是说有海量的虚粒子,时时刻刻都在从量子真空中借出能量,瞬间湮灭后,又将能量归还真空。当然,你如果担心会不会有人量子花粉过敏,那就实在是太过多虑了。

能量守恒定律对吗?呃,我们应该还记得,量子世界是极端微观世界,也应该记得那是多么微的微观。在普朗克时间、普朗克尺度,允许发生普朗克能量的出入,是这个世界的局部事实真相。而经典物理的能量守恒定律,是这个世界另外一个局部的事实真相。是的,两个世界!在量子微观世界,根据"科普TOE三大古怪定律"之"不确定定律",没有绝对的有,没有绝对的无。

借是借了,还也还了,结果貌似无事,过程却是真真切切地发生着能量起伏,而且能量从来不会在零点状态老老实实呆着。即便是在绝对零度的条件下,量子波动效应也不会停止。因为,如果绝对零度时量子停止波动,则它的动量和位置事实上就可以同时精确测知，这就违反了那个已经被无数实验证明不可违反的、要命的海森伯测不准原理。因此这意味着，能量的无中生有是事实。没有能量之处蕴含的能量，就是大名鼎鼎的"零点能"（Zero point energy）。

我们应当记住一个厉害的人——荷兰科学家亨德里克·卡西米尔。1948年，他设计出探测零点能的方法。该实验思路别致，工具相当精细，但是没趣，说穿了也没有什么技术含量。实验的大概意思是，将两块平行金属板尽可能地靠近，由于空间里时刻沸腾着虚的粒子和反粒子对，因空间狭窄，总有某些波动振幅和尺度的粒子对，无法在两块板子之间活动，导致外面空间的量子波动多一些，从而形成由外向内的压力能量。看看吧，谁说无风不起浪？别小看这个实验，它就是在物理科学中有着重要影响的"卡西米尔效应"。1998年，美国洛斯阿拉莫斯国家实验室和奥斯汀高能物理研究所用原子显微镜测出了零点能，力度为蚂蚁重量的三万分之一。预言再次坐实，你不好意思坚持说它还是猜想了吧。

那么，只要这种能量的借贷关系成立，就没有谁有理由，来阻挡这种借贷关系的扩大。正如金融借贷的繁荣形成经济活动的繁荣，宇宙某种机制会无限量地扩大能量债务的体量。这就必然导致两个惊人后果：

其一，宇宙可以在膨胀过程中，毫无节制地向量子真空（深入讨论应该是引力场）借出能量，最终制造出重达 10^{50} 吨的日月星辰，还看不出它费了什么劲儿。

其二，宇宙空间中蕴含着巨大能量，称为本底能量。据美国量子理论大科学家 J. 惠勒估算，真空的能量密度可高达 10^{95} 克/厘米^3。它是不是暗能量，目前没有结论。

还有科学家从另外一个角度解读这事儿：从宏观视野看去，星系在旋转、恒星在旋转、行星在旋转，太空要是没有能量，那是谁在推动这些巨大家伙，谁呀？

只要我们未来的工程技术本事够大，确实可以在黑黢黢、空荡荡的太空里架起钻井平台，凭空开发能量。看看吧，这已经跟永动机猜想只差 1 毫米了，从经济效益的角度看,也许比永动机还厉害得多。科学家很激动,连骗子们也活跃起来了,国际零点能开发公司都已经在四处筹集开发资金了。窃以为,开发零点能就是个时间问题。也许真有那么一天,我们视为宝贵的工业血液、不惜为之一再发动战争的能量资源,可以像灿烂阳光和清新空气那样免费供应。

免费的午餐? 好像有点眉目了。

如果以最坚定执着的理性追问万物从何而来,最终,不管我们乐意不乐意,TOE 一定要把我们引向哲学思辨。物理是硬科学,哲学是软道理,不好说谁将拯救谁,但当代物理确实为哲学提供了强有力的依据。霍金认为,传统上纯粹思辨、凭空琢磨的哲学,已经跟不上当代物理认知世界的步伐,就是这个道理。兹事体大,情非得已,下面我们试一试这个艰苦的、必将饱受争议的思辨过程。

(1)合理的假设起点是:创世之前,一切皆无。必须是一切皆无,否则,无论有任何东西,我们都要坚决无情地追问它从何而来。

(2)这样,创世就等于无中生有。令人头疼的是,既然无能够生出有,则这个"无"显然并不老实,它必定暗含有某种东西,哪怕只是能够生出"有"的运气! 可见这个"无",必须是不绝对、不彻底地无。

(3)量子理论的结论是:创世之前,有和无,地位平等、机会均等。有和无呈量子纠缠态。轮到"无"时,我们不知道;某一次轮到"有"了,情况骤变,世界创生。

(4)在不绝对、不彻底的"无"中,无形的能量似有若无、若隐若现,正能量和负能量纠缠起伏,瞬间分裂而生,立刻对消湮灭。就像一支铅笔不可能永远靠笔尖立在纸上,某个概率之下,这种平衡状态发生些微破裂,于是大坝崩溃,我们的一切就开始了。

无中生有,实在疯狂透顶。纯粹哲学思辨? 不尽然,这其实是一杯哲学思辨与量子理论的鸡尾酒。量子理论说,创世的起始之点极端微小,也算得上一粒典型的量子,因此它必须遵循量子理论那些古怪效应。把思辨转化为物理,按照真空零点能的原理,情况大致是这样的:如果你确定创世的起点之处能量为零,根据测不准原理(没料到它到处搀和,现在后悔承认这个原理了吧),你就等于测定了它的数值,这样一来,能量为零之处就一定不是创世的起点。反过来,如果你牢牢守住创世的起点之处,你就不能认定那里的能量为零,因为零也是确定数值。既然不一定为零,嗯,机会不是就来了吗?

是的,按下葫芦浮起瓢,这就是量子起伏的深刻原理。宇宙万物从无到有,全部秘密就在这里。

测不准原理不好懂?为便于理解,我推荐读者想一想砸老鼠游戏的"砸不准原理":你不动手,每个洞口都可能冒出老鼠;你一旦下锤,老鼠一定不在那个洞口冒出,呵呵。量子理论还有一大堆雷人的猛词儿:什么量子波动、量子跃迁、量子纠缠、量子抖动、量子隧穿,等等,归结起来都是在说,那些极端微小的东西,它们的运动规律就是坚决不遵循任何你知道的规律,爱来就来,想走就走。它们只认识"概率"二字。顺便提醒一个:概率差不多是量子力学的灵魂了,希望读者在阅读本书期间跟它成为好朋友,至少成为老熟人。

由此可见,有没有这个世界,并不是什么特别的事情,造物主(大自然它自己)没有专门设计。创造这个世界,也不是绝无仅有的稀罕事,造物主随时随处都在干。如果我们感到奇怪,那是因为我们仅仅居于眼下这个世界而已,井底之蛙。威廉·詹姆斯说过一番极富哲理的话:"世界凭什么只能是'有',而不能是'无'?世界完全有可能并不存在,正如它也完全有可能确实存在一样,这是个悬念,有了这样一个悬念,形而上学思想的钟才永不停摆。"

总之,宇宙就这么不请自来了。

6　大爆炸,很八卦

创生宇宙的这个奇点,像极了太极。

中国古代周易理论貌似早就解释了宇宙大爆炸。读者明鉴,我说的是"貌似"。

周易之"道",显然,就是中国古代哲学的 TOE。《道德经》说:"有物混成,先天地生。寂兮廖兮,独立而不改,周行而不殆,可以为天下母。吾不知其名,强字之曰:道,强为之名曰:大。"东方世界向来就没有上帝之类拟人化的造物主,这个"道",在天地产生之前、又可以充当天下之母的东西,仅仅只是一个非常抽象的概念。道法自然,俨然一副尊重客观的自然科学形象。

关于宇宙起源,周易理论体系的意见是:无极生太极,太极生两仪,两仪生四象,四象生八卦,八八六十四卦演绎世间万物。这是在讲宇宙万物的起源。据此,我提出"宇宙大爆炸的八卦描述模型"。

第一步,先看看什么是无极? 无极就是在宇宙现世之前一切都还没有的初始状态,大概是物理科学里的绝对真空,是宇宙创生的"预备态"。虽然一切都没有,但它不等于绝对的、永远的没有,它应该还包含着可能产生一切的某种东西。就是说,无极,一定不是万世孤独的无极。——废话吗? 也不是。周易话语系统里还有一番说辞:"混沌生希夷,希夷生无极,无极生有极,有极生太极。"看来,混沌才是最高级的绝对真空。它既然叫混沌,它就是绝对糊涂的,你就不能再跟它谈论是什么、为什么。那么何为希夷? 老子说:"视之不见名曰夷,听之不闻名曰希。"就是看不见、听不到的状态。希夷产生无极,难道无极就看得见、听得到了? 不像。无极看来是一个过渡程序,它立刻要产生有极。有极也是过渡,因为它除了要去生太极,没有任何事情可干,而太极才是万物之始。

请注意,中间几个"生"字,高度抽象,我们只能理解为一种纯粹的数学或逻辑符号,即:"A 生 B",相当于"因为 A,所以 B"。看不出更多意思了。可千万别自作主张,解释成什么聚变、裂变、演变,圣人从来没有说得这么直白。圣人不说,我们也必须咬紧牙关不乱说。

再请注意,搅来搅去,反正从混沌到太极,都还是虚空状态,任何具体东西都还没有。如果不抓紧谈论太极产生万物,这个"准备态"永远只能这样空洞无物、不知所之、不知所以——有谁知道它们到底在干什么,究竟要干什么吗?

因此,"混沌生希夷,希夷生无极,无极生有极,有极生太极",翻译成白话文就应该是:"从稀里糊涂到无知无觉,从无知无觉到啥也没有,从啥也没有到也许可有,从也许可有到那就有吧。"

第二步,再看看什么是太极? 宇宙始于奇点,太极就是奇点。中国古代文人孔颖达解释说:"太极谓天地未分之前,元气混而为一,即是太初、太一也。"看看,奇点还没有爆炸。虽未爆炸,但因元气混而为一,说明它已经胸有成竹,准备就绪。这个时候,太极还不是任何东西,也没有任何东西,你要说它是任何具体东西,它都不会承认。但奇点(太极)哪里来?它不是莫名其妙就有的,它大有来头,从混沌开始,历经混沌、希夷、无极、有极好几个环节演化而来。没人告诉我们这个过程到底是怎样一回事,但可以确定,太极不纯,它的背景已经相当复杂。

物理和数学看奇点,类似这个情况。奇点跟太极一样,啥都不是,啥也没有,那它凭什么就可以爆炸产生万物? 可见,奇点也肯定不单纯,肯定有来头有背景。TOE 推测,在发生爆炸之前,它像一座巨型水坝,蓄积着巨大的负能量。前面我们已经讨论过,一块呆呆的石头也有能量,负的引力能。那么,一无所有的奇点,也可能拥有一种"能量场",这种潜在的、负的能量,大约就是霍金找到的"第一推动"。不妨这样理解:奇点无物,只有负能,拜量子效应之赐,它还有一份神鬼莫测的运气,一种说炸就炸的冲动。那,不是无极是什么!

这个说法稍微有点文艺,不过量子效应催动奇点发生变化,却是比较现实的。科学推测,奇点是量子波动的产物。本来,奇点堵死了时空和万物的路,所有物理法则要待奇点发动之后才有戏。但请注意,奇点为了维持它绝对大一统的地位,必须缩成一个极端小的点。因为,只要它稍微大一些,就面临着必须交代"内部"为何物,以及为何是这样大而不是那样大的窘境。大了,反而小气。

唯有一个极端小的点,才有资格宣示它拥有无可奉告的内涵,以及它无所不能的外延。

但是,聪明的科学家发现,无比滑头的奇点被量子波动效应钻了空子:由于它是一个极端小的点,它就必须遵循量子力学原理,即这种极端小的点可以从虚无中一跃而生,然后忽而湮灭。这可不得了。为什么说不得了?因为这意味着奇点堵死物理法则的大门,被撬开了一个小小的缝——我们已经在谈论奇点本身的某种规律,以及奇点之前的某种状况!

谈论"奇点之前",那么,当然就是在谈论无极啦。无极就是假真空状态和量子波动效应。

第三步,看看太极如何生阴阳。阴阳两仪,就是创世之初沸腾的实粒子和虚粒子、正物质和反物质、正能量和负能量。奇点破裂之后,它们倏忽从虚空中相伴现身,又随时相遇湮灭。出双入对,阴阳和谐,正负相抵,似有还无。这就是量子理论描述的典型的量子涨落场景,虽然奇怪,却还完美。当然我们不能忘了,这个过程非常短暂,大约就在 10^{-43} 秒前后。

如果我们不在意一个宇宙非得有日月星辰、万事万物的话,创世故事到这里也可以结束了。而且,后面我们知道,可能有许多个(比方说800亿个,数字随便写都行啊)其他宇宙就是这样,朝生暮死,昙花一现,那也没有什么不得了。对此,造物主是无所谓的,只是人间的一切八卦故事只好休矣。

第四步,看看两仪又如何生四象。《周易》的四象是指太阳太阴、少阴少阳。前面,太极生阴阳已经完成,这本身是完美的事情。但按照量子理论,总会有不完美的事情发生。这里必须强调,量子理论不喜欢对称、光滑状态,它预言任何事物都可能发生"对称性破缺"。这个思想很深刻。我们可以合理思辨：无极生太极没有理由是孤注一掷，太极生阴阳也没有理由是偶尔为之，总有一些时候，阴阳两仪会破裂分化为太阳太阴、少阴少阳的多层次结构。然后形成多彩世界。

少阴和少阳应当是微观的阴阳关系。在我们的宇宙，实的物质与虚的能量、正电荷的质子与负电荷的电子、太阳和月亮、白天和黑夜、男人和女人，等等，这种阴阳关系充斥天地，无以计数。

太阳和太阴应当是宏观的阴阳关系。量子理论认为，虚实粒子、正反物质、正负能量存在着破裂错位的概率，它们偶然的破裂错位，导致微观尺度阴阳结构的崩溃。具体地说，奇点破裂 10^{-43} 秒之后，一些实粒子、正物质、正能量，偶然地错过了与虚粒子、反物质、负能量的对消湮灭。这一小概率事件立刻导致上帝都无法挽回的严重后果，那些"阳"的东西，通过雪崩式"负债"发展，形成万物，造就宇宙。至于虚粒子、反物质、负能量这些"阴"的东西，它们回避到哪儿去了？科学家们还在孜孜不倦地寻找。换言之，我们的宇宙显形为"太阳"，其他宇宙隐形为"太阴"。

关于太阳太阴，还有另外一种可能的解释。前面知道，宇宙存在四个最基本的驱动力：引力、电磁力、弱核力、强核力。没有这些力，两仪必然死寂，无力造就万物，宇宙大爆炸也许会在瞬间草草收场，成为一枚哑炮，胎死奇点腹中。其中，引力很弱，在宏观上发挥收敛全局、凝聚星系的负作用，它应当被视为太阴；其他三力很强，在微观上发挥构造万物的正作用，它应当被视为太阳。霍金认为，大爆炸形成引力场，万物从引力场借取能量，并在巨大尺度的暴胀过程中，不断借取更多能量，而万物的引力也产生等量的负能量。而且，科学家的计算表明，整个宇宙正的总电荷，精确地等于负的总电荷。这都是大尺度的阴阳关系。

第五步，最后是四象生八卦。呃，都八卦了，就是人类的事情了。

《周易》的宇宙大爆炸模型大致如此，再往下说，无非还是阴阳啊、虚实啊、有无啊那些车轱辘话。请教各位易学高人,难道不是车轱辘话? 至于更多奥秘,比如令 TOE 科学家无比烦恼的量子引力问题,《周易》也是知道的,但那得等到物理科学搞清楚后再来解读。丹麦科学家、量子理论重要奠基人尼尔斯·玻尔,据说是一个"八卦控",他甚至把太极阴阳鱼图案作为自己的 logo。《周易》作者周文王如果活到今天,玻尔会不会向诺贝尔奖委员会写推荐信? 哪怕什么科普奖也好。

宇宙起源的故事到此结束。我们该谈谈宇宙之死了。不过这个话题怪怪的,因为宇宙的死期远得很,一般而言,科学认为宇宙的寿命将长达 10^{200} 年,这是一个非常、非常巨大的数字。美国理论物理学家格伦·斯塔克曼在《生与死,在一个不断膨胀的宇宙中》一文说:"没有人把思考宇宙的命运当作自己的终身使命,有很多比这个更急迫的问题,但是对宇宙命运的思考充满了乐趣。"是的,我们想知道,它究竟是将永生,还是有朝一日难免寿终正寝,要死又将怎么个死法?

7 宇宙结局 A、B 剧

宇宙终有一死,要么冻死,要么暴卒。

宇宙大爆炸证明,它是个活物。最朴素的哲学思想告诉我们,任何活物都难免一死。宇宙之死,要看它的膨胀前景。现在,宇宙挟带大爆炸的雷霆万钧之势,不断膨胀,持续膨胀,137 亿年了,还毫无倦意。是继续膨胀,还是适当时候消停下来? 这决定着宇宙未来的前途命运。每一颗星星、每一座星系都在暗中掂量这个问题。

这个事儿,取决于宇宙物质能量的临界密度,称为"奥米伽值",科学家方程式里代号 Ω。古怪的是,宇宙不知出于什么原因,没有爽快地向人类展示它的 Ω 数值,宇宙万物的密度究竟是高一点还是低一点,抑或刚刚好,目前看竟然是一件非常微妙的事情。由于有暗物质、暗能量等神秘因素的加入,这个问题到目前为止更加悬而不决。霍金认为:"现在密度非常接近于把坍缩与无限膨胀区分开来的临界密度。如果暴胀理论是正确的,则宇宙实际上是处在刀锋上。所以我正是继承那些巫师或预言者的良好传统,两方下赌注,以保万无一失。"

于是,宇宙学向大开、大合两个不同方向前进:大开方向——宇宙持续膨胀,信马由缰,宇宙终将大撕裂,进而大冻结。大合方向——宇宙结束膨胀,回归引力,宇宙终将大坍缩,继而或将大反弹。既然霍金两方都下注了,说明都值得关注。下面我们就来看看宇宙的这两种死法。

A 结局——冻死:大撕裂、大冻结

这是大开方向的预测,宇宙走向无尽凄惶。

大撕裂(Big Rip)假说认为,Ω 值较小,宇宙间物质能量的密度可能低于某个限度,引力不足以维系星体的群居生活。因此,这个宇宙的主题是要分裂、不要团结,它是决心要将膨胀进行到底的。它既然已经炸开了,而且越飞越快、越飞越远,没有证据,也没有道义上的理由表明,它要停下自己的膨胀步伐。宇宙将越来越稀薄。

首先是星系团要离散,这个过程不可逆转。1 500 亿年之后,我们的银河系将变成一个寂寞孤岛,银河系之外 99.999 99% 的星系,将流浪到越来越开阔的宇宙深处,一去无归,渺无踪迹。那时,可能只有区区 36 个星系构成可见宇宙。

接下来是星系离散,树倒猢狲散,我们的夜空不再繁星点点。再后是恒星及其行星系也要离散,结束它们的家族生活。不过,你要是现在才想起我们的太阳就太晚了,那时它早已衰老死亡多次。

再膨胀下去,宇宙万物每个个体组织也要开始动摇,缓慢而坚定地摧枯拉朽,只剩下一些矮星、中子星、黑洞等老弱病残,面如死灰,了无生气。时间足够长(相当相当长)的话,原子、亚原子粒子这些宇宙基本构件也会被撕裂,宇宙万物将悲催地灰飞烟灭。

然后是大冻结。

大冻结假说与大撕裂假说一脉相承。这个假说基于伟大的热力学三定律,我们顺便学习一下。

第一条定律:物质与能量的总量守恒。爱因斯坦那个著名等式 $E = mc^2$,E 代表能量,m 代表质量,c^2 代表光速的平方。这个等式的意思是:质量和能量是等价的。它们是同一东西的两种形式:能量是获释的质量,质量是等待获释的能量。就是说,宇宙制造任意一样东西,就有一个与其质量等价的能量存起来了。布莱森的《万物简史》说:"由于 c^2 是个大得不得了的数字,这意味着每个物体里都包含着极其大量——真正极其大量——的能量。你或许觉得自己不大健壮,但是,如果你是个普通个子的成人,你那不起眼的躯体里包含着不少于 7×10^{18} 焦耳的潜能——爆炸的威力足足抵得上 30 颗氢弹,要是你知道怎么释放它,而且确实愿意这么做的话。"这样看来,中国气功也是有机会的。科学证

明,如果你以光速的平方使出一招如来神掌,真的力大无穷,它的唯一要领就
是快。

第二条定律:宇宙中的熵的总量只能永远增加。就是说,一切事物最终必
然老化和耗尽。熵,即混乱无序的程度。比如,要点燃一张纸(纸张很光滑)很
容易,但要把燃起来的烟(烟很混乱)再恢复为纸则是不可能的。一颗原子弹,
可能要爆炸(熵就增加),也可以永远不爆炸(熵不增加)。但是,它爆炸的机会
无论多么小,总是高于永远不爆炸,是不是? 一旦爆炸,你再也不可能把一朵蘑
菇云的能量收集揉捏回一颗原子弹。真要做这个事情,工程量如此之大,我确
信没人想去试一试。

第三条定律:没有任何东西可以达到绝对零度。在天文数字系统,绝对零
度是一个看起来非常普通的小数字:-273℃。为什么区区这个度数就到头了?
对于患了"大数癖"的我们来说有点不适应。其实道理很简单,因为,这世界之
所以让人感到有温度,是万物都有能量,分子、原子、电子都在运动。运动越激
烈,温度越高。水在零度凝结为冰,冷若冰霜,但别忘了,至少水中的氢氧原子
里的电子依然在疯狂飞舞、挥汗如雨。在-273℃,原子电子这些构成世间万物
的基本粒子,终于停止活动。还有更慢? 讲不讲道理啊,还有比静止更慢的速
度吗!

复习一遍。英国科学家兼作家斯诺用一种雅致方法记忆这三条定律:
(1)你不可能赢。也就是说,你不可能无中生有,因为质能守恒。(2)你不可
能不盈不亏。你不可能回到相同的能量状态,因为无序度总是在增大,熵也总
是在增大。(3)你不可能退出比赛。因为绝对零度无法达到。

对宇宙之死来说,最重要的是第二定律,它认为任何过程都必定在宇宙总
的无序度(熵)中创造一个净增加值。据此,科学家提出宇宙热寂理论。我们
知道太阳在熊熊燃烧,而且我们知道太阳将在50亿年之后,会将全部氢、氦燃
料消耗殆尽。当然,所有恒星也都不是长明灯,都将烧成灰炭,全宇宙太空将陷
入令人恐惧的无尽黑暗。然后,在足够漫长的时间里,所有物质都要化解为能

量,并消散在无边宇宙里。连黑洞这样的死硬东西也要蒸发。最终的最终,宇宙无限接近于绝对的荒凉寒冷、空无一物。这就是热寂,宇宙大冻结。

宇宙热寂时间表如下:

(1)退化时代:从 10^{14} 年到 10^{40} 年。星系和恒星停止产生,恒星的温度和光度逐渐下降,直到核燃料完全耗尽,恒星死亡。

(2)行星和恒星先后开始脱离轨道:$10^{15} \sim 10^{16}$ 年。分手的分手,死亡的死亡,寂寞伤感、冷清凄惨的世界。

(3)质子衰变:从 10^{36} 年到 10^{40} 年。质子也是有生命期的,虽然它们非常非常长寿。全部质子完成衰变后,宇宙中所有物质只能两种形式存在:黑洞或是轻子。海枯石烂?呃,那是太古太古以前的事情啦。这个时候,你早已经无法握紧爱人的手。

(4)黑洞时代:从 10^{40} 年到 10^{100} 年。黑洞通过霍金辐射形式缓慢蒸发。黑洞是死硬分子。它的温度大约比绝对零度高出百万分之几度,当然不到绝对零度。这样它就还有极为缓慢的热辐射。热辐射导致黑洞收缩,收缩又导致内部温度升高,最后导致蒸发殆尽。这样的时代是何等的寂寞难耐,千年老妖都会患上严重的抑郁症。

(5)黑暗时代:从 10^{100} 年到 10^{150} 年。最后的黑洞蒸发完毕,此时宇宙中所有物质衰变为光子和轻子。

(6)光子时代:10^{150} 年以后。全宇宙漂浮着"绝望"二字。

(7)宇宙达到最低能量状态:10^{1000} 年及以后。宇宙无限接近于 nothing。什么都没有,什么都不会发生。Game is over,干净彻底地 over。

前面知道,现在这个热热闹闹的宇宙,平均密度也不过每立方米几个原子。因此,你有理由坚持说,无论多么微弱,总是还有残余东西。但是,别忘了造物主闲着也是闲着,它有足够的时间、空间和耐心,把万物稀释到无穷稀薄。

永久到底是多久,永远到底有多远?不寒而栗。窃不喜欢。

B 结局——暴卒：大坍缩、大反弹

这是大合方向的预测，宇宙重归终极暴烈。

大坍缩，又叫大崩坠，亦称大挤压（Big Crunch）。

这个理论估计，Ω 值较大，宇宙间物质能量的密度可能高于某个限度，终于有一天，物质的重力将战胜膨胀的张力。这样，膨胀过程发生逆转。星系们、星星们在停止飞散之后，想了一想，觉得前途真的是暗淡孤寂寒冷绝望，于是调头往回。然后是多少亿年、多少亿年，星系与星系渐渐交汇，星星与星星时常碰撞，大星系把小星系扯过去，大星星把小星星扯过去，靠拢、碰撞、挤压、吞噬、熔化。

前面知道，我们这个宇宙其实非常虚胖，坍缩过程可能非常、非常漫长。但无论多么漫长，只要它开始坍缩，就必然不可阻挡，并且必然不断加速。到后来，引力越来越强大，挤压越来越严重。从大尺度的视野看过去，宇宙的一切都在大规模地坍缩。终于，天地大垮塌，你懂得，它们将不可避免地回到奇点。整个宇宙，将熔化成为一小团 10^{16}℃ 的高温高压能量，放进一只高压锅里，也还很富裕。

大反弹顺理成章，更好理解。

我只是不能解释，为什么大坍缩和大反弹是两个假说。科学的意见，坍缩回去不一定就要回到奇点，奇点完全有可能不再爆发，也许咕嘟一下就完事了。按照量子理论的古怪说法，奇点可以从无到有，那么它玩一把从有到无，也是理所当然的事情。

再爆炸是可能的。美国科学家伯卓瓦说，大坍缩，再爆炸，这个宇宙就是一个过程，一个不停重复大爆炸和大坍缩的过程，就像安装了弹簧一样。这样，你无法追问宇宙的终极起源和终极灭亡，因为，它这么忙，你根本没有机会插嘴。

宇宙坍缩到奇点之后，想了一想，决定再来一次。它好像没有理由不这样做，正如它曾经多次这么做。这是货真价实的大轮回。我们不禁产生无限遐想：咱们这个宇宙，是 n.x 版本啊？

下一次大爆炸——再见！

■ 小结

宇宙之生:137 亿年前,横空出世,无涯无疆。

宇宙之死:要么猛烈碰撞毁于烈火,要么黯然离散走向死寂。

人之生死:譬如朝露,去日苦多。

第 6 章
鬼魅家族

"听着:隔壁还有另一个浩瀚宇宙,咱们去吧!"

——卡明斯这句话,意味深长。

隔壁的世界很精彩。

宇宙并不孤单,它居然有一个庞大的家族背景。年纪至少 137 亿岁、身高至少 1 000 亿光年、体重至少 10^{50} 吨的它,未必是独步天下的王者,可能只是出入于某座繁忙都市地铁口的一个上班族。

当代科学不断挑战不可思议的事情,永远在追问"大山那边是什么"。从 20 世纪初开始,物理科学就已经开始非常严肃地讨论多元宇宙问题。但千万别以为哥伦布的望远镜发现了新大陆,亲眼看见是不可能的,科学家们只是在 TOE 前前后后的理论研究中发现:

哟,真奇怪,看样子可能还有别的宇宙哩!

许多人可能并没有注意到,自 20 世纪初相对论和量子力学诞生以来,我们的科学放眼宇宙,前所未有地爱上了哲学的思辨和务虚,爱上了科幻的跳跃和文艺。这直接导致关于多元宇宙的理论和猜想,比梦魇更荒唐,比菜市更嘈杂。不过,不要紧,这是我们的科学和心灵进军无尽宇宙的一场开疆拓土之旅,在这个过程中,我们的科学和心灵都升级为新的版本。加来道雄在《平行宇宙》一书中说:"从我个人来说,我并不因为宇宙如此浩瀚而悲叹,我为紧挨着我们就存在着许多全新的世界这种想法而激动。在我们所生活的这个时代,我们刚刚开始利用自己的太空探测器、空间望远镜,以及我们的理论和方程式对宇宙进行探索。"

我们还根本不能确切地知道,究竟还有几个其他宇宙,也不知道它们究竟藏在哪里、什么模样、是天使的世界还是魔鬼的乐园。但唯有非常重要的一点是确凿无疑的:**我们已经隐隐约约地窥见了宇宙之外。这个宇宙好像已经兜不住我们的心智,快要露出破绽了。神秘的桅杆在天际线一再起伏。**

先梳理一下,关于多元宇宙我们都知道些什么:

（1）宇宙之外，还有宇宙。

（2）多元宇宙不止一个，甚至无穷无限，无以计数。

（3）我们的宇宙也许很特别，也许很普通。

（4）所有的、人家的宇宙，均为推测，未经证实。

科学研究的最新进展，布莱恩·格林讲得比较多，他有一部著作《隐藏的现实——平行宇宙是什么》专论这个事情，该书归纳了 9 种类型的平行宇宙，但由于它们与弦理论的专业讨论纠缠很深，普通人看来会感到过于晦涩和混乱，何况格林的意见也远远不是定论。科学家肯·克罗斯威尔说："其他的宇宙会令人陶醉！关于它们，你想说什么就可以说什么，只要天文学一天没有找到它们，就一天不能说你是错的。"你瞧，是不是？因此，本书从某些容易理解的角度，自行梳理展示 1 + 8 种类型，跟格林的 9 种不尽一致。虽不全面，但请相信，你大致不会错过什么。

在正式考察这些乱七八糟的多元宇宙之前，必须稍作补充说明，"多元宇宙"这个概念本身是含混和矛盾的。还有一些称谓：平行世界（parallel worlds）、平行宇宙（parallel universes）、多重宇宙（multiple universes, multiverse）、另一些宇宙（alternate universes）、虚拟实境（metaverse）、无上宇宙（megaverse）。总的意思，都是指宇宙之外的另类宇宙。

"宇宙"这个词儿，本意是指实际存在的一切。现在提出多元宇宙，意味着我们认定某些东西（对不起，其实不能算东西，没词儿了），虽然可以绕着弯去推测、感知、认识它们，但它们仍然不属于"一切"之列。从这个意义上说，我们原来的宇宙概念，已经降格为"我们这个世界"。今后，"多元宇宙"将取代"宇宙"的原有含义。

话说回来，我们建立宇宙这个概念的时代，连世界是个圆球都还不知道。中国古代文化人说，"往古今来谓之宙，四方上下谓之宇"。可见，宇宙是四维时空概念。如果我们发现，在"往古今来"之外还有另类时间，在"四方上下"之外还有另类空间，怎么办？在古人——包括不知道当代天体物理的人们——看来,那应该是神鬼的世界。神鬼世界,非关人世,孔夫子的意见是不要多事,"六合之外,存而不论",免谈。这是运用奥卡姆剃刀的典型案例。现在我们可悲地醒悟,孔夫子这把奥卡姆剃刀,阉割了中国从春秋到清末的科学技术。这是另外一件始料未及的事情。

言归正传,多元宇宙 1 + 8 族谱如下。

1 古老的遐想宇宙

人们对多元宇宙的各种幻想,可能都是真的。

独居地球,琢磨宇宙,是我们与生俱来的习惯,我们从来就没有停止过天马行空的幻想。看看下面这些,是不是都想到过。

(1)其大无外。宇宙很大,是不是外面还套着一个更大的宇宙啊?在那里,我们的宇宙不过是人家一颗沙粒里的一个原子里的一个小宇宙。在那个巨大的宇宙,也有一个人在傻傻地仰望他们的星空,思考他们的宇宙之外,是不是还笼罩着一个更大的宇宙,以至无穷。

不管有没有什么实际意义,想法很有趣。不过我们好像并不会为之恐惧战栗,太阳和地球淹没在浩瀚的银河系,我们没有感到局促和压抑,再套几层宏大宇宙在外面,并不会更多增加我们的渺小感。

(2)其小无内。原子很小,是不是里面还套着一个更小的宇宙啊?也许它就在我们身上某个细胞的某个原子里。在那样的小宇宙里,也有万事万物,有头顶上的浩瀚星空,有世代传承的文明。也有一个人在呆呆地思考"套娃宇宙",在探究原子内部是不是套着的小宇宙,以至无穷。

卡尔·萨根在《宇宙》一书中说,要是你钻进一个电子深处,你会发现它本身就是一个宇宙。里面,大量小得多的别的粒子组成了相当于当地的星系和较小的结构,它们本身就是下一层次的宇宙,如此永远下去,一个逐步往里推进的过程,宇宙中的宇宙,永无尽头。往上也是一个样。

这也只是有趣好玩而已。我们每个人,不管怎么洗澡,身体上的细菌至少有 100 亿个,有人估计大概 1.4 ~ 2.3 千克,能装一大碗。连这个都不在乎,我们很难真正去关注这些原子里面的宇宙。

（3）梦幻泡影。人们有时候会高度怀疑,我们的世界是不是虚幻的,是不是真实世界中某些人的掌中玩物?"我",以及我所感知的宇宙一切,不过都是计算机模拟出来的错觉。道家所谓南柯大梦一场。甚至于,万物皆我,我即万物,没有全世界全宇宙,只有一个实验室,只有一个自以为是的"我"。

此事很严重,很多人都熟悉的"缸中之脑"思想实验。理论物理学家并不能直接反驳这种奇思妙想,他们只能说:呃、这个嘛、怎么说呢、从理论上讲、可以有。然而,我们很难想象,这个邪恶的"缸中之脑"操纵者,该得有多么的勤奋严谨,不仅要为"缸脑"安排丰富的世界感知,还要安排复杂的爱恨情仇。真是闲的!

上述三种,类似情况还有很多,因为属于非科学的民间幻想,按多元宇宙NO.0族记档。这些都是最朴素的多元宇宙观,大概是许多人在孩提时代就会产生的神奇遐想。我们的心灵,常常被宇宙的无尽深邃和无限神秘深刻打动,始于惊悸,继以凌乱,终于眩晕窒息。科学不排斥(科学从来就无所畏惧)这些个古怪的宇宙气象,下面我们就将看到,科学好像正在一一证实这些幻想。而且,比幻想走得更远。

预先提示一点:后面所述这些形形色色的宇宙,无论多么古怪,它们可能统统都是真实的。

多元宇宙,还是一个社会文化问题。世界各国文化中,肯定都有多元宇宙的幻想。

中国古代魔幻小说《镜花缘》,故事主人公出洋游历,途中经历了"君子国""大人国""淑士国""白民国""黑齿国""不死国""穿胸国""结肠国""豕喙国""长人国""伯虑国""劳民国""女儿国""轩辕国"等,也遇见鲛人、蚕女、当康、果然、麟凤、狻猊等奇异生物,并见识许多奇风异俗。这些,都是人们自己的幻想设计,寄托了人们的某些理想和浪漫情调。那么,在无比奇异的多元宇宙体系里,是不是也有这样的古怪世界?

从纯粹的理论上说,这个可以有,这些统统可以有。但是,谁要是因此就兴奋起来或者陷入哀伤,就跑偏了。因为,这些奇异宇宙离我们的真实生活,包括我们前世和来生的生活,都遥远到非常无聊的地步。

如果你知道多元宇宙无穷多,你就不能否定其中有女儿国、不死国的存在。但要考虑一下爱丁顿曾经提出的"无限猴子理论"。这个理论后来发展出多个版本,大意是说,如果许多猴子任意敲打打字机键,只要它们不停,最终可能会打印出大英博物馆所有的书。那么,谁若据此就坚持要等候在猴子们旁边,指望要弄到两本心仪已久的书,你说他是不是真的蠢到家了?

特别需要强调的是,**我们能不能遭遇这些奇异宇宙,跟我们在今生的所作所为、个人修行毫无关系,不要扯到因果报应上面去。**如果有天堂式的宇宙存在,肯定不是专门给积德行善者准备的,如果有地狱式的宇宙存在,那也不是为坏人准备的。就算有没有终极造物主这事还有探讨余地,至少我们可以肯定,物理学没有发现,会有一个末日审判者在宇宙灭亡那天,等着兑现人世间的善恶奖惩。

对此,我们的道德家们要冷静。

2 伤感的轮回宇宙

我们的宇宙,可能有无数次生死轮回。

按照大反弹假说,宇宙大爆炸已经发生多次,今后还有多次。这应该叫"震荡多重宇宙"。也许,这种反复可以直到永远,除非造物主厌倦了制造宇宙这种事情,它既然已经干过一次,就没有理由去怀疑它不敢做第二次、第三次。再说了,宇宙坍缩回去的那团烫人东西,奇点拿着它还能够派上别的什么用场呢? 装着没事的样子,做一个"发呆的奇点"? ——不可能。发呆可以,不可能永久发呆(奇点没时间,永久是多久)。奇点的量子波动总是在敦促:别停,得做点啥,随便做点啥都行。因此,再来一次,是绝对可以期待的结果。

显然,宇宙起源和灭亡的恼人问题,已经演变成如何承前启后的生动情节,我们的宇宙,不过是一部更加宏大的历史活剧的中场故事。至于终极的起源和灭亡问题,则被无限地前置和后移了。这对科学来说,也许是一种暂时的解脱。对哲学,则可能是更加烦恼的事情。新的问题是:第一次创世是谁? 为了什么而启动的? 这一连串的生死轮回是怎么开始的? 又该怎么结束?

"震荡多重宇宙",至少应该有三个前后关联的宇宙:

(1)前生一个:曾经坍缩到奇点的宇宙。

(2)今天一个:现在这个爆炸后漫天飞溅的、我们的宇宙。

(3)来世一个:未来坍缩回去再爆炸的宇宙。

这个多元宇宙模型最容易理解,直接就是关于凤凰涅槃和轮回转世宗教主张的物理科学版,每一位菜市场的老太太都深刻懂得。似曾相识燕归来。从物理上看来,还真的不见得有什么创意,以至于,宇宙学家们好像对此不太感兴趣。

前生和来世的宇宙具体什么性质,当然是不可知的,因为奇点是个严酷的安全门,奇点之处非凡的高温、高压、高密度,足以熔化前世今生的任何(谁有例外么)事物和信息,万物亦是赤条条来去无牵挂,绝对的、彻底的格式化。因此,如果我们对这辈子的生活感到失望,在寄希望转世轮回之前要注意,鉴于奇点的不确定、不可知特性,前生和来世的宇宙可能会有一些意想不到的情况。

让我们想象一下,上一次爆炸和下一次爆炸的宇宙,一切事物会不会翻转?这里说的是物理性质上的翻转,不是指这辈子当牛做马、下辈子封侯拜相那种人生运气的翻盘。伽莫夫的著作《从一到无穷大》在结尾处提出一个有趣的"倒序猜想"(我起的名字,物理术语应该是"时间反演"):

> 设想一下在这个宇宙的压缩阶段,一切事物是否都会与目前进行的顺序相反……你是否就会从最后一页读起,把这本书读到第一页?那时的人是否会从自己嘴里扯出一只油炸鸡,在厨房里使它复活,再把它送到养鸡场;在那里,它从一只大鸡"长"成一只小鸡,最后缩进一只蛋壳里,再经几周的时间变成一枚新鲜鸡蛋呢?这倒是很有趣的。

幸好不是你家孩子写出来的作文,否则,一顿跺足臭骂是免不了的。这事有趣是有趣,不过非常别扭。我敢说,即便最出位、最没谱的科幻作家,也不大敢按照这个思路去编撰故事。你瞧,科学家就敢!

3 寂寞的远方宇宙

永远看不见的遥远地方,还有宇宙,那是人家的宇宙。

宇宙大膨胀假说(宇宙暴胀理论)告诉我们,宇宙在诞生之初的瞬间,突然膨胀得非常、非常巨大——必须说清楚,这个膨胀速率超过光速,而且远远超过光速。如果,宇宙暴胀的幅度再非常、非常巨大呢?里斯说的那个尺度,那些太远太远的地方会发生什么?

巨大暴胀导致一个意味深长的后果:宇宙爆发后,好多东西(是的,算不上"东西",还是因为没词儿了)立刻天各一方、渺无音讯。其中,有那么一小片空间,依次产生了粒子、元素、原子、星云、星体、星系、星系团,亦即我们的宇宙。其他空间呢?那是另外一片天地——可能,咳咳——就是人家的宇宙。

而且,可能不止一个,可能很多很多。

既然是多个宇宙挤在一个空间,总应各有范围。由于光速是宇宙速度最高限(呃,"我们的宇宙"最高限),我们可以观察和感知的一切,都在光的可测范围之内。仰赖哈勃这样的空间望远镜,到目前,我们的宇宙是上下左右一二百亿光年的尺度,加上我们今后还可以观测的范围,大概总是一个有限的球体,这个区域的总称为"哈勃体积"。哈勃体积之内,算一个宇宙,我们的宇宙。

在这之外,还有许多天体因为距离太远而无法看到,位于我们的宇宙视界(cosmic horizon)之外。如果宇宙视界相距足够远,加上全部空间的持续膨胀,我们的"哈勃体积"与"人家的哈勃体积"就不会存在任何跨界相互作用,各自的演化过程是完全独立的。当然,这些宇宙还是相同物理法则体系的产物,只不过它们之间自诞生以来就从未相互影响过,完全陌生。光都不能达到的地方,宇宙间就不可能再有任何东西,除了人类的思想,能够达到。据此,我们是否只能说,那些所谓人家的宇宙,不过是我们宇宙的远方区域?

就是说,我们的宇宙,可能仅仅只是宇宙大爆炸飞出的一块小小的碎片而已,还有其他无数碎片自成独立的"人家的宇宙"。在大爆炸产生的空间里,形成好多好多这样的宇宙区域(哈勃体积)。布莱恩·格林的《隐藏的现实——平行宇宙是什么》称之为"百衲被多重宇宙",就像在一张巨大床单上缝制了多个宇宙区域。我感到,更像大海里众多相互隔绝的岛屿。美国科学家麦克斯·泰格马克说,在 50 年内,平行宇宙存在的问题,再不会比 100 年前其他星系的存在更富争议——那时我们的宇宙被称为"岛宇宙"(island universe)。

我们的哈勃体积,无论如何不会超过 100 000 000 000 光年直径,对比一下里斯版本那个令人印象深刻的宇宙尺度,这 11 个 0 的迷你小东西,在几百万个 0 的尺度里,真的是难以想象的沧海一粟。甚至你可以怀疑里斯他们把宇宙搞这么大的动机,就是为了方便他们任意摆布多元宇宙幻影。

按照格林的假说,因为空间太大并且持续膨胀、永远膨胀,多元宇宙将永无交集,而且"百衲被多重宇宙"无限的多。无限,是一个非常致命的概念。谁敢说无限,就没有理由阻挡别人放纵任何狂想。赞同这一假说的科学家们,竟然理所当然地推测说,在其他宇宙,肯定有我们这个世界以及我们实际生活的副本,而且是无数多个副本,甚至计算出了这样的副本宇宙与我们最可能的距离。

对此你如果不感到愤怒,多半是阅读速度过快而忽略了,或者是没有仔细想明白这是多么的疯狂。好些个科学家还滋滋有味地描述那样的生动情节,我觉得过于无厘头了,不予转述。

4 别扭的反转宇宙

反物质都有了,反宇宙就极有可能是事实。

反物质构造的反宇宙,也许真的有。加来道雄的《不可思议的物理》认为,科学家成功地制造出了正电荷电子绕负电荷质子的反原子,理论上讲,还可以有反元素、反化学、反人类、反地球、反宇宙。反宇宙应当与我们的宇宙性质彻底相反。但是,反转宇宙的万事万物具体究竟如何翻转,有点费脑筋。

第一种推测:电荷(C)反向宇宙。电荷正负相反,反原子构成这个宇宙的万事万物。除此之外,电荷反向宇宙的物理、化学定律,与我们的宇宙完全一样。虽然无法仔细描述这种宇宙的样子,但它一点都不让人觉得稀奇,在理论上应该可行,而且也应该无毒无公害。它们的唯一缺陷是碰不得,呃,原因很简单,后果你知道。《聊斋》里的女鬼,为什么必须在鸡叫三遍之前赶回阴间,就是这个道理。

第二种推测:宇称(P)反向宇宙。这个宇宙的万事万物在物理形态上镜像翻转,从 DNA 螺旋结构、人体心脏位置到洗脸盆池水漩涡,左右颠倒。简单地说,就是一个"左撇子宇宙"。有科学家认为,上帝应该是一个轻度左撇子。镜像翻转的设计方案看上去并不困难,但华裔美籍科学家杨振宁和李政道证明,宇称反向宇宙不可能存在,这一研究成果称为"宇称颠覆"。这是不是意味着左撇子有点违背天理呢? 1957 年,杨、李二位因此获诺贝尔物理学奖。

第三种推测:时间(T)反向宇宙。就是时间倒退。这是一种令人心悸的对称反演。"在这样的宇宙中,煎蛋会从晚餐盘子里跳下,在煎锅里重新成形,随后跳回蛋壳里,封上裂缝。"就像电影回放、录像倒带。这样的宇宙,经典物理和相对论的所有定律都不反对,它们那些威力无比的方程式,对这种荒唐透顶、伤天害理的行为竟然无动于衷,无非添一个负号或者正号而已。感谢量子力学,它的方程式不允许。霍金曾经跟伽莫夫一样认为,如果宇宙结束膨胀回归收缩,那么宇宙的收缩相仅仅是膨胀相的时间反演,那时,人们将以倒退的方式生活:他们在出生前就已经死去,并且随着宇宙收缩变得更年轻。后来,霍金发现自己犯了错误,并在《时间简史》里坦率地认了错。结论是,时间反演不予通过。有惊无险呵。

略过论证过程,科学的最后结论是,单纯的 C 反向、P 反向、T 反向宇宙都是不可能的,但是 CPT 联合起来,一起反向,这样的宇宙就可能了。

这意味着一个左右反向翻转、电荷反转为反物质、时间退行的宇宙是遵循物理定律的,完全可以有。CPT 反向宇宙虽然古怪到爆,但确实可以回答前面提到的、宇宙大爆炸假说的疑惑:当初,正反物质纠缠不休,正物质的宇宙形成了,反物质的宇宙在另外一个未知地方,以另外一种未知方式,也形成了。

这该是古怪疯狂成啥样的宇宙?如果我们的宇宙被这样子翻转一下,我们的生活怎么过?我确信任何人想多了都会头晕目眩心悸。想象力无限强大的读者敬请自行继续,作者不愿奉陪下去。就像电视播放危险魔术节目时提示"专业表演,请勿模仿"那样,作者这里也要作安全提示:纯粹理论推测,请勿擅自想象。要知道,只有我们眼下这个宇宙,才可以确信是舒服的、宜居的宇宙,哪怕它动辄天干地旱、经常地震海啸,哪怕它坏蛋横行不绝、好人厄运不断。

5 喧嚣的气泡宇宙

无数宇宙就像气泡,在宇宙的汪洋大海里沸腾翻滚。

你看孩子们吹肥皂泡,那就是宇宙集群的景象。

创生宇宙的大爆炸,是一次偶然事件,还是必然事件? 科学发现,我们这个宇宙成为今天这个样子,左看右看,实在是太巧了,巧得令人无法相信。宇宙形成之初哪怕一丁点儿闪失、一丁点儿不经意,就可能成为另外一个宇宙,一个你绝对不可能接受的非宜居世界。因此,要么是上帝刻意干的,要么就存在无数个平行宇宙。

霍金说:"如果大爆炸发生 1 秒钟之后的膨胀速度哪怕是慢了一千亿分之一,(宇宙)就会在达到其目前的规模之前重新坍塌……像我们这样一个宇宙能够从像大爆炸这类的事件中产生出来,其偶然性实在太巨大了。我认为这很清楚地表明应从宗教上找到解释。"本书后面章节,我们将检讨科学家心目中创世奇迹的含义。霍金这么说,并非表明他要像牛顿那样,把创世功劳归结于上帝的第一推动。他本人公开声称,在缔造宇宙这事儿上,上帝是没有位子的。

科学家找不到令宇宙爆炸成这个样子的充分理由,但也绝对不能接受如此严重的巧合,唯一合理的解释是:宇宙有很多很多。千挑万选,总能挑到一款适合人类的宇宙,供我们降临其间。

量子理论认为,奇点现世之初,它肯定是一个亚原子粒子量级的微小之点,那么,它本身就应遵循量子波动规律,就是说,它可能起伏波动,随性而至,甚至倏尔出现,忽又消失。所以,产生我们的宇宙,那只是发生在奇点身上的众多随机事件之一,干脆就可以理解为一不留神所致。没有任何人去告诉奇点:宇宙相当不小了,见好就收吧。也没有人能够拿出理由来说服奇点:宇宙在精不在多,一个足矣。奇点深刻懂得:法无禁止,即为许可。显然地,我们从来就没有一部宇宙宪法,以后也不会有。

TOE 科学家们普遍认为,宇宙发生爆炸之前,造物主一定在掷骰子,他对于要不要搞一个我们这个宇宙,并没有很好的设计。打一个粗糙的比方:造物主点燃一挂鞭炮,噼里啪啦炸开了,产生无数宇宙,其中就有一个我们置身其中的宇宙。有些鞭炮还凌空炸开第二响、第三响、第 n 响。当然也有哑炮。

原材料? 前面已经知道,真还不是问题。

科学家林德的"混沌膨胀"假说认为,宇宙膨胀是随机发生的,而且各种宇宙还可以连续混乱地产生出其他宇宙。根据这个假说,宇宙像开水中形成的气泡,在不断地产生,漂浮在一个更大的舞台上,即一个 11 维的超空间上。我们的宇宙可以比作漂浮在巨大"海洋"上的一个气泡,在这个"海洋"上不断有新的气泡形成。每一个气泡,又可能随时地产生出第二代、第三代气泡,树杈式分枝连串发展。这个过程永不停歇。

就是说,宇宙不仅可以无中生有,而且可以随随便便、毫无节制、时刻不停地实施无中生有。

在混乱的膨胀模式中,有些宇宙可能有非常大的 Ω 值,大爆炸后就立即挤压破碎。"朝菌不知晦朔,蟪蛄不知春秋"。有些宇宙的 Ω 值可能很小,将永远膨胀。无论如何,多元宇宙应当是事实。而今,宇宙从独一无二的地位,一下跌落到宇宙之海的一颗渺小水珠,这跟"地心说"的遭遇有点相似。地心说虽然不对,但站在人类的角度并非完全没有道理,毕竟在相当大的概率里,只有地球才宜居,其他星球对人类来说都无比险恶。"宇心说"也是这样,我们应当有把握地说,像我们这个宇宙如此宜居的,不可能多。

看上去,这样的气泡并不稀奇。热衷于人造宇宙的科学家们摩拳擦掌,要一试身手。加来道雄描述说,如果我们创造一个足够大的电场,真空内外不断出现的虚拟电子-反电子对会突然变成真实存在。这样,空无所有的空间中所集中的能量会把虚拟粒子转化为真实粒子。同样,如果我们对单独一个点用强大的激光束和粒子束施加足够能量（呃，很可怕的高温，比如 10^{26} K，据说相当于太阳 100 亿年释放能量的总和），从理论上来说，虚拟的婴儿宇宙可能会无中生有，一跃而成为现实存在。按照混沌膨胀理论，利用这一技术可以批量生产气泡宇宙。

人造宇宙的技术大致如此了，相信我，没有谁保守着更多秘密，毕竟，它比长生不老仙丹的神秘配方更不靠谱。我们也不必担心人造宇宙的设计图纸落入坏人手中，没有任何犯罪集团能够造一个宇宙并有效地挟持它。制造一个新宇宙跟盖一所新房子大不一样，即便是我们自己制造的宇宙，我们也无法搬进去生活，甚至连检查我们的实验产品都很不现实，因为它只能在奇点的"另一边"膨胀，将从我们这个宇宙的时空结构中分裂出去。

也许，在混沌膨胀假说看来，我们这个宇宙极有可能就是别人的实验成品。不过我们没有机会向这个造物主致谢，或者抱怨。要知道，我们的宇宙一百多亿年历史，也许不足以演化出足够厉害的文明去制造出适合人类生存的气泡宇宙，但如果我们的宇宙是无限分枝的气泡之一，就无法排除这种可能性了。

6 诡异的高维宇宙

在我们眼前,也许就漂浮着多维形态的无数宇宙。

可见宇宙和不可见宇宙,无非见得着、见不着,多少还能够理解,但涉及不同维度就凌乱了。前面说过,三维空间加一维时间是人类熟悉的东西,四维以上,就不是人类可以明确感知的事物。

弦理论、超弦理论、M理论告诉我们,还有一些高维空间是实际存在的,称为"超空间"(hyperspace)。这些理论,动辄就要在11维、12维层面才能继续推演下去。我不打算复制粘贴那些复杂的方程式,更不能去演算这些理论的依据和过程,只是转述这些理论的推测:还有好多高维空间存在着,不仅存在着,而且就出没在距离我们未必多远的地方,有的"蜷曲"在普朗克尺度的微观空间,有的甚至就留驻在我们的鼻子尖,可能相隔1毫米。用文艺一点的话来说:也许你面前就漂浮着无数魅影重重的"鬼宇宙"。

弦论证明,高维空间形态有 10^{500} 种之多,由此可能产生同样数量的多重宇宙,而我们所在宇宙所有基本粒子的总和也不过 10^{90}。我们已经熟悉这种带耳朵的数字,那是相当骇人听闻的巨大。也有科学家保守估计,高维宇宙可能只有1古戈尔那么多(1古戈尔即 10^{100})。真是丰富多彩啊。不幸的是,关于这些高维宇宙,目前的科学并没有更多常人能够理解的描述。周易64个卦象,是不是暗示有64个维度呢?这个话题很有意思,但得在把卦象"翻译"为数理方程式之后,才能继续下去。我们都乐意为周易保留对宇宙的终极解释权。

膜理论/M理论(TOE重要组成部分)认为,有一个宇宙是一张巨大的膜,另外有一个宇宙也是一张巨大的膜,两张膜靠得非常近,但互相没有交集、没有感知。两张膜一旦碰撞,碰触点就会爆发巨大能量。事实上,这种碰撞,就是我们理解的宇宙大爆炸。在两张膜之间，碰撞总会发生，因此宇宙的创生是经常的事情。这样的膜，当然不止两张，而是无数。膜理论无法提供数字，因为数字已经没有意义。

高维宇宙漂浮在你的鼻子尖，一抓一大把，这没有麻烦，丝毫不会影响你的生活。因为，反过来说，你要是觉得受到了影响，说明你是能够感知超维空间的super man。通灵啊？你完全可以设想，就在你舒舒服服地窝在起居室沙发上看电视的时候，高维宇宙里的几只身材魁梧的恐龙，正迈着叮咚轰隆的沉重步伐，从你面前踩过去。别紧张，它们不会踢翻你的茶杯。

我们永远不可能感知吗？也不是。最新物理科学的一个重大课题，就是努力想要探测高维空间。加来道雄认为，如果确有这种咫尺天涯的多元宇宙，大型强子对撞机（LHC）可能在最近几年中探测到它们，那是相当激动人心的事情。他甚至比较详尽地论证了利用粒子加速器与之进行交流的方案。该工程的主要困难，还是如何集中调用奇大无比的所谓"普朗克能量"。这个能量，是现有 LHC 的 10^{24} 倍。我们的 LHC 可以绕一座城市一圈，而这项工程的加速器可能要绕太阳系一圈。技术上，这事儿离我们还非常遥远。

我们倒是需要提防着，在其他宇宙里会不会有更加聪明的外星人——不，外宇宙人——正在加快实验设备的施工进度，某一天猛然戳破我们的宇宙，伸进一根天线来。那时，我们该怎么办？

高维形态的宇宙，我们能够间接感知。这事有一个证据，相对好懂。前段时间，普朗克卫星拍摄了一个新的宇宙微波背景辐射图谱，即所谓"婴儿宇宙的照片"，图中存在一个通常理论无法解释的"冷斑"，颜色比别的地方浅一些。美国科学家梅尔西尼·霍顿等人的计算表明，这个巨大冷斑跨度差不多达到10亿光年，那里辐射稀疏，犹如一个空洞。空洞附近天体的辐射量，比宇宙中其他可见时空的辐射量减少大约20%至45%。太特殊了，肯定不正常。

当然不是天狗啃吃的。那么，谁制造了这个空洞？——其他宇宙！有一些科学家认为，我们的宇宙刚刚形成时，由于受到其他平行宇宙的引力拖曳，在微波背景辐射中留下这种反常图案。科学界确认,如果该发现被证实,那么这将是人类有史以来在我们的宇宙之外,发现的第一个"人家的宇宙"。

这个证据,也大致适用于前后的其他一些类型的多元宇宙。

关于高维宇宙,还有一些不明情况可能成为证据。比如,暗能量、暗物质充斥我们的宇宙,它们有可能就是多元宇宙存在我们周边的间接证据。某些高维宇宙,也拥有自己的物质,比如高维形态的星系,但我们看不见、摸不着,它们在无形之中、并时时刻刻地对我们的宇宙施加引力。而且它们如此强大,以至于它们实际上对我们可见宇宙的运动,发挥着主导作用。

还有,前面知道,万物的各种零件,都是由弦的不同振动形成的。那么,弦的某些另类振动,会不会造就我们看不见、摸不着的另类物质?如果确有那样的宇宙存在,如果那样的宇宙还有智能生命存在,它们肯定是比外星人更加难以想象的古怪。

7 洞中的黑白宇宙

黑洞肯定是宇宙制造者。

我们早就料到,黑洞大腕儿,它不应该碌碌无为。

这里说的黑白宇宙,不是黑白颠倒的反向宇宙,而是黑洞和白洞联手制造的多重宇宙。前面已知,黑洞是相当可疑的怪物。根据普世的物理法则,我们这个宇宙什么东西都应当是对称的。那么既然有黑洞,就应当有白洞,而且它们应当相伴而生、相携而行。黑洞是只进不出,相应地,白洞就应当是只出不进。一切都是守恒的。

科学家推测,黑洞中心奇点与白洞连接,这个连接通道,就是一种天然虫洞。黑洞在我们的宇宙收罗它能够搞到的一切,然后认真负责地进行磨碎搅匀作业,再通过奇点向另外一头的白洞喷出去。当然,白洞的喷口必须安装在另外的宇宙。或者说,白洞喷出的物质能量,形成另外的宇宙万物。这种物质能量的跨宇宙输送,大胆猜,应该包括被吸进并揉碎的时空结构。

沿着这个游戏思路,我们会有新的发现:我们的宇宙万物,也应当是其他宇宙的黑洞通过白洞喷出来的。不过,给我们提供宇宙建筑材料的白洞,目前还没有找到。这是一个鸡生蛋、蛋生鸡的循环。科学家认为,既然是父母子女关系,就有遗传问题,盛产黑洞的宇宙具有某种进化遗传优势。黑洞越多,生命力越旺。

缔造新宇宙的白洞如果找到并证实,那将是周易阴阳模型的又一个胜利。黑洞为阴,白洞为阳。还有,中国古代民间传说,有黑白无常二鬼,接引死者去阴间的使者,白无常笑颜常开,帽子上写"你也来了"四字;黑无常一脸凶相,帽子上写"正在捉你"四字。这个小插曲,是不是可以帮助我们加深对黑白多元宇宙的印象?

还有更蹊跷也更大胆的说法:我们的宇宙,本身就是一个黑洞。

如果你想知道黑洞里面什么样,嘿嘿,就请你环顾四周吧。我们看见的宇宙万物和我们自己,曾经游荡在这个超级宇宙黑洞之外,那时我们不知什么样子,但肯定不是现在这个样子。137 亿年前一失足成千古恨,我们跌进今天这个宇宙里来了。那个被称为宇宙大爆炸的事件,不过是一次历史性的跌落事故。

推断宇宙本身就是一个终极黑洞,主要依据还是前面提到的史瓦西半径。根据史瓦西半径的公式,黑洞的平均密度随其半径的增大而减小。我们这个宇宙呢,有科学家估算,可观测宇宙的总质量,大约相当于 10^{23} 个太阳的质量,由此测算宇宙的史瓦西半径应当是 300 亿光年。而它的实际半径大约为 480 亿光年。两者差不多。因此,我们的宇宙差不多就是一个黑洞。另外,由于宇宙创生只有 137 亿年,宇宙里的光,一生所走过的最大距离不超过 137 亿光年,对比宇宙的实际半径,这也是在说,我们的宇宙符合黑洞的一个重要特征:光线逃不出穹界。

这个狂想相当深刻有创意。不过,对于智慧的读者来说,理解起来反而会有困难,显然跟前面表达的黑洞理论有很大不同,比如我们并没有被撕裂成碎片渣滓。除非这又是一个"套娃黑洞"论,宇宙级大黑洞跟我们所见的小黑洞,物理法则各有一套。

《星际穿越》的库珀先生,居然在黑洞里还能够生龙活虎,电影这个安排不是不可以,只不过鱼和熊掌不可兼得,他必须是黑洞的全新再造物,在跌入黑洞之前,他也许是一只煤球,或者是一颗星球,或者别的什么多维度怪物,而绝对不可以是同一个库珀先生。

8　浪漫的全息宇宙

宇宙整个就是幻象，这个玩笑开得太大了。

你，可能就是浸泡在营养液里的一只大脑而已。关于全息宇宙论，各种解释充满灵异味道。我们应当注意以下两个重要说法：

第一，客观现实并不实在，尽管宇宙看起来具体而坚实，其实宇宙只是一个幻象，一个巨大而细节丰富的全息摄影相片（hologram）。这是一个诡异的隐喻，它是想说：一切不过是一场梦而已。

第二，按照全息图像原理，摄影相片即便碎成一万片，仍然有一万个完整图像。这是一个晦涩的隐喻，它是想说：万事万物都是相互连贯的整体。

这是"缸中之脑"幻象世界的升级版，同时还是东方神秘主义世界观的科学版。要知道，科学已经被荒唐的量子理论折腾得七荤八素，即便是最邪门的推测，也在理直气壮地谋求科学依据。我们都来不及考虑，造物主（或者更加聪明的智能生命）为什么要实施如此巨大的恶作剧。鉴于人类理性在揭示终极奥秘方面的拙劣无能，在救赎迷惘心灵方面的古板傲慢，许多人乐见它遭遇这样的致命打击。

全息宇宙论创立者是惠勒等人。相关假说由量子理论科学家戴维·玻姆《整体性与隐缠序——卷展中的宇宙与意识》一书提出。这个假说基于诡异而浪漫的量子纠缠现象。

前面知道，量子纠缠是指，一对量子态的亚原子粒子，如经耦合，就会纠缠。打一个生活化的比方：让一对粒子恋爱一段时间，我们都知道这意味着什么，然后将它们分开，那么，这一粒感冒了，无论远隔千山万水，那一粒一定要马上打喷嚏。1982 年，科学家阿斯佩克主持的一项重要实验，证实了这种神奇现象。

爱因斯坦曾经把这种关联称为"幽灵般的超距作用"。这不仅违背经典物理和相对论,甚至可以说严重违背人类最基本的常识。

为了歼灭这个令人无法忍受的千古怪事,科学家动用了成千上万的方程式、铺天盖地的字符和数字,试图证明它就是一个佯谬。结果事与愿违,玻姆沿着反常识路径进行到底,提出更加惊人的假说:可能是我们对客观世界的看法,彻底错了。他设计了一个著名的"鱼缸看鱼"思想实验:用两台相向的摄像机,同时拍摄玻璃缸里的一条鱼,图像在两台电视机上播出。如果我们只是通过电视机来观察,那么我们将看到两条鱼做着方向相反、速度相等的游动。而我们不知道的事实真相是,这只是一条鱼。玻姆据此解释量子纠缠现象:

两个纠缠粒子应当被视为同一高维现实的两个不同的低维投影,在三维空间看来,二者没有相互接触,毫无因果关联;而实际情况是,两个粒子之间相互关联的方式,非常类似于上面所说的鱼的两个电视图像之间相互关联的方式。

就是说,纠缠着的一对量子,压根儿就是一个从来没有分开过的整体,它们以某种高维形态,跨越千山万水联系着(唉,果然很疯)。前面我们讨论过,多维形态是我们人类的脑袋根本惹不起的。人类的无知,姑且可以得到谅解。

且慢,有问题,就算高维方式联系吧,但如何解释我们对两颗粒子实施分开的具体行为呢?深入考虑摄像机看鱼的实验,全息影像原理可以解决疑问:纠缠着的两颗粒子,在实际的高维世界里是一个整体,而我们在低维的影像世界里,分离的是它们的影像,更有甚者,我们自身也不过是影像而已。当然,一定有超级强大的计算机,对我们的一切感知和意识实施全面控制。全息宇宙论将这种具有强烈神秘主义色彩的关联关系推而广之,断言宇宙万事万物都是一个整体,并且被投影到一幅全息图片上。

全息宇宙论引起东方文化的强烈兴趣,因为这是一种东方文化偏好的整体性思维方式。西方文化历来崇尚还原论,秉持分解性思维方式,它要是离开解剖刀,几乎就对万事万物一无所知。而东方文化总是从整体上认识和描述万事万物,它知道分解万物费力不讨好,必定是一条不归之路。懂佛的人都爱说:

"于一毫端,现十方宝刹。"又说:"一即一切,一切即一。"还说:"一一微尘中,各现无边刹海;刹海之中,复有微尘;彼诸微尘内,复有刹海;如是重重,不可穷尽。"类似的格言警句箴言谶语,不胜枚举,比比都是。佛教和道家文化轻松地夺回了全息宇宙论的发明权和解释权。

还有一个严肃版本的全息宇宙论,不含玻姆假说关于整体性认识的内容,它是 TOE 新贵 M 理论研究的课题。霍金和贝肯斯坦通过对黑洞信息处理机制的研究提出:整个宇宙会是一个计算机程序吗? 我们有可能只是一张宇宙 CD 光盘上的二进制数位吗?

这个事情虽然极端狂野,但技术上的难度并非多么的不可思议。科学测算,如果宇宙可以被数字化,并可以被降解为 0 和 1,那么宇宙的信息总量应当超过 1 古戈尔(10^{100})比特。加来道雄说:从理论上说,如果我们可以把 1 古戈尔比特的信息放到一张 CD 光盘上,那我们就可以在自己的起居室中坐看宇宙中的任何事件在自己眼前展开。原则上我们可以把这张光盘上的字节重新安排或编程,让物理现实以不同的方式展开。从某种意义上来说,人就可以拥有像上帝一样的能力来改写脚本。但,贝肯斯坦估计,宇宙的全部信息量可能比这要大得多。事实上,能够包容宇宙信息量的最小容积可能就是宇宙本身。如果这是正确的,那么我们就又回到了原来的起点:能够模拟宇宙的最小系统,就是宇宙本身。

再回到缸中之脑。人类的思维意识,理论上也有可能被计算机模拟。为此,格林提出虚拟多重宇宙模型。他认为,模拟计算的工作量是不成问题的。如果在地球上生活过的所有人口有 1 000 亿,则全人类全部的大脑运算已经进行了 10^{35} 次。——别掰着指头去算,数字大小还可以商量,反正一定能够包含你这辈子和上辈子所有的胡思乱想、每一个古怪念头。如果把现在的高速计算机造到地球那么大,那么它只需在 2 分钟之内,就可以完成全人类所有大脑做过的所有运算。未来,威力强大的量子计算机可以轻松胜任这项工作,而且根本不必搞成地球那么大。对此,没有科学家表示怀疑。

那么,我们真的是被人操控的虚拟角色吗?

科学家们也许半信半疑,但他们肯定并不担心,不仅因为此事在物理上不科学,更主要的是在哲学上不合理。他们的相关论证,多半就是一些令人恐惧的哲学讨论。格林说:"明天的太阳还会升起来么? 也许吧,只要运行这场模拟的人还没有拔掉电源插头。"格林的推理过程相当冗长复杂,但除了哲学讨论,实质性的科学内容并不多,按照他的暗示,全息宇宙论的相关演绎,总的说来是相当不靠谱的。任何先进文明,从先进文明自身机理来看,都不大可能去调动资源,让这种无厘头的傻事成为现实。

英国科学家约翰·D.巴罗所著《宇宙之书:从托勒密、爱因斯坦到多元宇宙》一书,对此也有充满智慧的讨论。巴罗的看法大致是说,如果真有这样宏大场面的设计者、操作者,那么他们要费很大的劲,防止人们特别是科学家们看出破绽,还需要不断为他们的程序打补丁,维持虚拟世界物理法则的连贯性。从我们迄今发现的所有物理法则及其对应的实验结果来看,他们的闲工夫相当出色,出奇的勤劳。更加意味深长的是,他们自己恐怕也需要认真思考一个严肃而荒唐的问题:他们是否也是别人的电脑游戏角色,如何证明? ——要乱大家乱,没完就没完,就像科幻电影《盗梦空间》那样,一层嵌套一层,没一个靠谱的。

我理解格林和巴罗他们的论证意见,用哲学一点的话来概括:疯到如此严重程度的事情,你让真正的疯子来,他想做也做不来。是不是?

实际上,全息宇宙这个主意不算新鲜,只不过掺杂了信息模拟的科学元素。当信息模拟真实全面到一定程度的时候,我们还要去关注真相到底是虚的还是实的,意义就不大了。正如老哲学家莱布尼兹所说:"这个世界也许是一个幻觉,存在也许只是一个梦,但是这个梦或幻觉对我来说已经足够真实了。如果很好地利用理智,我们绝不会受它的欺骗。"——但愿长醉不愿醒,够深刻。现实生活中,我们更加迫切需要提防的是骗子和假钞,而不是担心一场人生大梦突然惊醒。**我在想,大约只有两种人:陷入一场稀里糊涂的爱情故事而不能自**

拔的女人,误入一条荒唐险恶的人生邪路而不能自救的男人,才热衷于打听全息宇宙何时断电,最好尽快地开机重启。

全息宇宙我可以信,但要让我赌一把明天会不会大梦惊醒,我是不干的,赌一块钱也不干。我之所以不担心,还有一个重要原因:正如弦理论证明的万物都不实在,我本人并不介意换一种虚幻方式。进一步说,我们虽然是虚幻能量的构成物,但千万年来我们一直过着实实在在的生活,可见,实在与虚幻之间并没有什么根本区别,似乎也没有不可逾越的鸿沟。想一想我们自己干的事情,我们大力发展智能机器人,极有可能使机器人足够聪明,从而反身成为人类的统治者。以此类推,那些制造梦幻泡影来戏弄我们的人,他们应该好好掂量,会不会也有那么一天,我们这些虚幻影子足够真实,终于从屏幕里跳出来,砸烂他们的中央电脑。

幻影 vs 幻影的操控者,究竟谁怕谁?

9 梦魇的幻影宇宙

宇宙每个瞬间都在幻化移形出新的宇宙。玩笑开得更大。

产生新宇宙,那是比喘气儿还常见的事情。

宇宙每个粒子(再次重申,全宇宙所有基本粒子的总和为 10^{90} 个)、每一个瞬间、每一个变化,都是在分裂形成新的宇宙。每个宇宙大同小异、平行重叠,各行其是、互不干扰。分裂——准确地说是移形幻影、复制叠加——之后,每个宇宙的故事都按照新的剧本,若无其事地继续演绎下去。

按照"多世界解释"的理论,你刚才眨了一下左眼,宇宙立刻分裂,另一个宇宙幻化叠加而成! 在那个宇宙,还有一个你,眨了一下右眼。而且,量子理论的某些科学家坚定地说:"每一种可能的宇宙,都是真实存在的宇宙。"就是说,这些移形幻影、复制叠加的宇宙——奉劝你不要去琢磨有多少个这样的宇宙,具体数量已没有丝毫实际意义——它们统统都是真实的,没有一个是虚幻的副本。

你瞧瞧,造物主自从搞了一个宇宙之后,别的事啥都不干了,分分秒秒都在复制、粘贴、复制、粘贴……想一想 Windows 操作系统出错时,叮叮咚咚无限弹出窗口的崩溃场景吧! 当然,这些爆炸式不断弹出的宇宙窗口,肯定是以一种另类时空的方式存在,不会挤爆你的电脑桌面,也不会阻碍你的呼吸。要想象并试图接受这样的场景,你的思想需要一场深刻革命。

这是比全息宇宙更为邪门的多元宇宙假说。如果精神病患者敢于讲出这样的故事,一定要被加大剂量注射镇定剂,必须地! 然而,你知道吗,恰好就是这个假说,有人竟然说是目前各种多元宇宙理论中,最具科学依据、最有说服力的一种。

"偶卖嘎"!

10 TOE 的疯狂解释

看看多元宇宙的科学解释吧。

本书不是 TOE 教科书,但关于宇宙的疯狂故事讲到这里,已经离谱到不可收拾的地步,为证明这些故事不是我个人的科幻,我们不得不谈谈科学依据。我也非常乐意在本书这个不太醒目的位置,与读者分享 TOE 的疯狂智慧。科学体系很庞大,探索过程很漫长,我们只关注若干重点情节。

所有关于多元宇宙的奇怪故事,都要从当代物理的一个古怪问题,以及与之紧密相关的一个著名实验谈起。

这个古怪问题是:光,究竟是粒子,还是波?一个令当代无数物理学家焦虑的问题。实验证明,它既是粒子也是波。这个著名实验,就是号称"世界十大经典物理实验之首"的"双缝实验",托马斯·杨 1801 年进行的光的干涉实验。没有这个实验,就肯定没有量子力学。简单地说,这个实验设了两个缝,观测光究竟如何通过。如果光是波,就不应该一颗一颗地投射到背板上。如果光是粒子,就应该选择一个缝来通过,而不应该发生波才能形成的干扰。后来的量子科学家们把这个实验越做越精致,终于万般不情愿地证明:同时都是。这也等于终于证明了这个世界,呃,事实上的疯狂。

电子是穿过左边的狭缝呢,还是右边的?一粒电子,既从左边过了,也从右边过了。就像我们观察一个人滑雪,他滑下来的过程我们没有看见,我们只是事后来检查,发现他的两只雪橇板在雪道上画出两条流畅的痕迹,从山上一路下来,中间,突然有一棵高大的树!没有人知道,他是怎么分身而没有被撕裂的,但从结果看,千真万确就是这样。

没道理啊！解释不通,强行解释。

第一个是"哥本哈根解释"。

1927 年,量子力学科学家玻尔与海森伯在哥本哈根合作研究时,对此作出解释,史称"哥本哈根解释"。这个理论,大致也叫测不准原理、不确定原理。核心意思是说,在粒子级的微观层面,粒子的行为,不可避免地受观察者观察行为的干扰。在观察之前,粒子的波函数——我不知道是什么东西,无非是描述可能状态的数学方程,详情参见薛定谔方程式——呈现两种可能的线性叠加。而一旦观测,则在一边出现峰值(专业地说,波函数发生坍缩),粒子随机地选择通过了左边或者右边的一条缝。

花开两朵,瘪了一枝,仅仅因为你看了它们一眼,这就叫"波函数坍缩"。当然啰,不仅波函数坍缩了,经典物理的命根子——事物的唯一性、推演的连续性和结论的确定性,也坍缩了。

真是害羞的精灵。就像一个不规矩的学生,老师写黑板时,他在做两件事情:玩手机、写作业。老师转头一看,他要么在玩手机,要么在写作业。当然,孩子在波函数坍缩方面比粒子心眼儿多些:老师看见的时候,他总是处于写作业的状态。

费曼说,双缝实验所展示出的量子现象不可能、绝对不可能以任何经典方式来解释,它包含了量子力学的核心思想。事实上,它包含了量子力学唯一的奥秘:量子尺度的世界里,事实本身就是这个样子。**我们之所以觉得不可理喻,是因为我们的所有感知、常识、文化和科学,都建立在比量子尺度大出许多许多的"宏观世界"之上。**换句话说,我们的认知体系,从直接感官到科学研究,从来没有见识过极端微观的量子世界。别以为我们渺小,须知我们人体,以及我们所见所知的所有物体,哪怕一粒粉尘、一只细菌,都是由天文数字级别的量子组员构成的复杂体系。呃不,是超级巨型复杂体系。这样的复杂体系,其存在与运动的规律显然与单个的基本粒子根本不同。

你见过量子态的粒子吗？不可能，从来没有。你只见过光，光子不跟别的粒子构建什么东西，唯独它是"裸露着"的、"单行版"的量子态粒子。恰好就是这个司空见惯的光，深究起来就令人大吃一惊。量子力学正是从光的奇异特性（波粒二象性）开始，发现极端微观世界的奇异真相。

我要提醒亲爱的读者，这个世界上，有一小部分科学家懂得这个真相，而绝大多数民众不知道、不明白、不相信，因此我想说，自量子理论问世以来，整个人类的精神世界是分裂了的。难道不是？

要真正明白量子理论也不难——如果不算开玩笑的话——只是需要从娃娃抓起，比如1岁之前。当孩子们懂得，掉在地上的奶嘴不会自动蹦回嘴里之后，就已经不可救药地错过量子理论的教育机会了。麻烦的事情是，我们总是要长大。所以，一些永远只有3岁智商的智障人士，可能懂得量子力学。

量子理论科学家认为，对我们这些老于世故、自以为是、从不怀疑太阳明天会照常升起的成年人来说，目前还没有找到能够解释清楚的语言。典型的"不可说定律"。正所谓"道可道非常道，名可名非常名"，爱尔兰科学家约翰·贝尔有一本著作，名为 *Speakable and Unspeakable in Quantum Mechanics*，书名就很有趣，有人翻译为《量子力学中的可道与不可道》。嘿，标准信达雅。

话说回来，这个理论说不清楚、搞不明白，你我都无需悲观，因为聪明如爱因斯坦者都不相信，无论做多少实验都不信。他说："我不能相信，仅仅是因为看了它一眼，一只老鼠就使得宇宙发生剧烈的改变。""我思考量子力学的时间百倍于广义相对论，但依然不明白。"爱因斯坦们认为，鉴于亚原子粒子过于微小，跟伽利略从比萨斜塔上扔下的铁球大不一样，一定是观察者和观测方法存在某些问题，导致对实验结果的误会。爱因斯坦还说过，一项理论所做的物理学描述如果不能做到连小孩都能懂，那它可能就是个没用的理论。对！这个事情上,我们跟爱因斯坦站在一边。

第二个是"多世界解释"(Many Worlds Interpretation,即 MWI)。

电子去了左边还右边？在观测之前,它处于左/右叠加状态,观测之后,它仍然处于左/右叠加状态。MWI 的提出者,是美国科学家休·艾弗莱特三世,他认为,波函数无需"坍缩",去随机选择左还是右,事实上两种可能都发生了。就是说,当电子穿过双缝后,整个世界,包括我们本身一分为二,出现了两个叠加在一起的世界。生活在一个世界中的人们发现,在他们那里电子通过了左边的狭缝,而在另一个世界中,人们观察到的电子则在右边。量子过程造成了"两个世界"！——石破天惊。

艾弗莱特的多世界解释,后来被称为"20 世纪隐藏得最深的秘密之一"。有人(布莱斯·德威特)说:"我仍然清晰地记得,当我第一次遇到多世界概念时所受到的震动。100 个略有缺陷的自我拷贝,都在不停地分裂成进一步的拷贝,而最后面目全非。这个想法是很难符合常识的。这是一种彻头彻尾的精神分裂症。"爱因斯坦问:"上帝创造宇宙有多少种选择?"MWI 竟然就敢说,有多少种选择,就有多少个宇宙。你听听！

宇宙有多个,量子的不确定性被分配到了各个宇宙。格林的《隐藏的现实》说,从太阳中的核聚变到思想赖以存在的神经冲动,量子力学允许一切物理过程的发生。他说:

> 量子力学背后的数学(或者,至少可以说是一种数学上的观点)认为,所有可能的结果都发生了,只不过每一种结果都存在于各自的独立宇宙中。如果量子力学计算得出的预言说,一个粒子可能在这儿,也可能在那儿,那么在其中一个宇宙中,这个粒子在这儿,在另一个宇宙中,这个粒子就在那儿。在每一个这样的宇宙中,都有同样的一个你在见证其中某个结果的发生。你认为(错误地认为)自己所在的现实是唯一的。

那么，我们为什么恰好就待在现在这个宇宙呢？这样的疑问几乎毫无意义。温伯格说，多世界就像无线电，我们身边有无数的无线电频道信号，打开收音机，你永远只能收听一个频道。只不过，收音机可以随便换台，我们的人生却只能有一次选择。——好吧，你可以选择多个，但你自己并不知道。

MWI 与其说它是一个什么天才的 idea，还不如说，它是一种能够比较轻松顺利地解决理论麻烦的选择。比如，时空穿越。从纯粹的理论上讲，时空穿越不被禁止，相对论就认为，时空本来就是人的主观感觉（甚至是错觉）。这就导致著名的"祖父悖论"：如果一个人真的"返回过去"，并且在祖父跟祖母结婚前，把祖父灭了（杀人动机不讨论，那是文学家的事情），那么这个跨时间旅行者本人还会不会存在呢？多元宇宙论轻松地解决了这个问题：咋都行，只不过，那已经是另外一个宇宙的故事了。

你穿越了，迎接你的是另外一个世界。而你并不能感觉这个变化。嗯，除非你读了这本书。

有人还做了一个多世界解释的思想实验："量子自杀"。这个实验的虚拟内容是：如果平行宇宙理论是正确的，那么对于某人来说，他无论如何试图去自杀都不会死。要是他拿刀抹脖子，那么因为组成刀的是一群符合波动方程的粒子，所以总有一个非常非常小的可能性，以某种方式丝毫无损地穿透了该人的脖子，从而保持该人不死。当然这个概率极小极小（不要逼我出具数据），但按照 MWI，一切可能发生的都实际发生了，所以这个现象总会发生在某个宇宙。从该人自身的视角来看，他怎么死都死不掉。当然在其他无穷个宇宙里，无数个他都死掉了。

据传，艾弗莱特本人及其一家笃信平行宇宙，他的女儿丽兹在自杀前留下的遗书中说，她去往"另一个平行世界"和他相会了（当然，她并非为了多世界理论而自杀）。我们祝愿艾弗莱特一家真的在某个世界里相会，但至少在我们所在的这个世界（以及绝大多数其他世界）里，我们看到人死了是不能复生的。

如果你读了这个故事也去玩自杀,那就是真的精神分裂了——至少在你我当下这个世界里。

第三个解释,路径求和。

前面说过,费曼认为人们几乎不可能理解量子力学的真谛,看来他是懂的,我们很想知道他本人怎么理解。

费曼对"双缝实验"的解释是极富创意的"路径求和"理论。这个理论是说,一颗亚原子粒子,它在自己要到哪里去的事情上,思想非常纠结,行为非常怪异。比如从 A 点到 B 点,它不是按照牛顿的经典力学,亦即我们这些脑筋正常的人考虑的那样,走一条最近的直线,而是要通盘考虑一下所有可能的路径,并且在众目睽睽之下,统统都去试了一试。它的实际路径有些时候是这样的:

从 A 点出发,离开我们的实验室,途径巴黎香榭丽谢繁华大街、旧金山开满野花的乡间小道,再绕道月亮与海王星连线、巨蟹座星系中轴线,甚至还在时间上往回溯,沿着恐龙奔跑的路径越过了好几座山岗,然后回到实验室,到达 B 点! 啥都不耽误。

刚才说,实际路径"有些时候"是这样,当然,另外一些时候就是别的样。无论如何,肯定包括双缝实验的左缝和右缝。如此一来,我们首先要冒出一个巨大疑问:这么费劲,那不得累死! 我们发射一颗粒子做个小小实验,没想到会如此兴师动众,麻烦它在宇宙时空里几乎跑了个遍。

对此,费曼的路径求和理论认为:**第一**,它无所谓麻烦不麻烦,反正闲着也是闲着,只有人、狗、车、船等这些巨型物体才有跑路辛苦这一说。**第二**,时空穿梭也做得到。宇宙的空间隔绝和时间流逝,只是在我们这类宏观的巨型物体身上体现出的大趋势,因为我们是复杂结合体,海量的亚原子粒子互相牵制,盘根错节,无法像单个个体那样"随意往"。一条大河,滚滚东逝,在大河看来东去之势不可阻挡,但并不影响局部的洄流,也不影响一些鱼儿逆流而上。**第三**，当然它也没有矫情到出格的地步，它经历那些路径的概率是各不相同的，绝大多数离谱的路径，发生概率非常非常低。费曼据此建立"路径积分"方法，把所有最可能的、较可能的和最不可能的路径概率加总起来，就是它的实际路径。你会发现，那是一条略带毛边的直线。就是说，它"主要"还是经过了从 *A* 到 *B* 的直线。**这也是为什么你还始终觉得这个世界很"正常"的根本原因，或者准确地说，粒子眼中的世界是正常的，而你感觉的世界是粗糙的假象！**

这个，真的不是瞎扯，请读者三思。

我们已经确切地知道，电子是围绕原子核的一朵云，它不是因为速度飞快而看上去像一朵云，它是始终"弥漫"在原子核周边。哪怕在只有一颗电子的氢原子里，那颗电子的独舞，也同样要弥漫成为一朵云。这还不是事实的全部真相，我要大胆说出科学家都不大敢坦率说出的惊人事实：它不仅弥漫在原子核周围，而且还要弥漫在整个宇宙时空！然后我要赶紧补充，它"主要"还是在原子核周围晃荡。

要知道，构成万物的所有亚原子粒子都是这样，亦即全世界所有东西都是这样。假如你满怀邪念地呆在金库门口，你当然对厚厚的钢板库门无可奈何，但要知道，在你彷徨的时间里，你身体里的许多粒子，已经在金库内外穿梭了无数次。不过，这不算非法进入，人类最先进的监控摄像都是看不见的。你没有整个身子侵入金库，仅仅因为你在门口呆的时间不够久。

费曼因为路径求和的理论贡献，获得 1965 年诺贝尔物理学奖。后来，霍金关于"宇宙波函数"假说，正是基于费曼路径求和的理论发展。霍金在他的主要学术生涯里，前半部分重点研究黑洞，后半部分则在研究宇宙波函数问题，他在这里找到了宇宙大设计的基本理念。我理解他的科学成果，有两个惊人发现：

（1）如果你跳出宇宙来观察，我们这个庞大无边的宇宙也可以视作一颗基本粒子,它本身就存在着与其他粒子的波函数关系。因此,宇宙自己也要四下弥漫,它必定有多个真实历史。有些人为了谋取不正当的功名会伪造个人简历,但如果宇宙向你出示多个不同版本的简历,费曼作证,它是诚实的。

(2)宇宙曾经比一个电子还小。那么,它出没在多个时间、多个场合,就必然是一件非常稀松平常的事情了。我看见你纳闷了,宇宙创生前没有时间? 是的,这个问题很严重也很深奥。我们既不能说宇宙起始那个点出没于多个时间,但要注意,我们也不能说宇宙那个点就只好"定格"在那个时间"零点",它要执行量子起伏啊对不对! 为此,聪明的霍金专门建立"虚时间"概念,道理就通了,至少,他的方程式等式两边就平衡了。

归结一下,科学家们普遍认为,当我们将量子理论应用于宇宙时,我们被迫承认宇宙有同时存在于很多状态的可能性。琢磨一下吧,这可真是惊人假说。我们这个宇宙,也许就是因为被宇宙之外的谁,或者刚从谁家下水道钻出来的老鼠,漫不经心地瞄了一眼,我们的宇宙它就从此逃过波函数坍缩之劫。至于没被瞄上的那些宇宙,你懂的,好些个就瘪了、化了、死掉了。

就是说,量子效应既然允许我们这个宇宙出现,量子效应就一定会允许其他宇宙出现。

第四个解释是,谁若不信,谁来解释。

TOE 科学家认为,只要我们承认有可能创造一个宇宙,我们就打开了有可能创造无限多个平行宇宙的大门。我们没有更多选择。——你信量子理论么? 信。那你必须相信多元宇宙。本来,谁主张、谁举证,这才叫讲道理。有意思的是,多元宇宙理论如此自然和顺理成章,以至于否定这个理论反而需要大费周章。它竟然让反对者举证。

马克斯·泰格马克说过,默认平行宇宙的存在模型是最简单且最优雅的模型。如果一个人要否决这些多重宇宙的存在,他需要在实验上拿出证据,并且要去证明几样东西:空间是有限的、波函数崩溃是真的、本体上的不对称是正确的。而这些科学难题,从目前看基本上是累死也完不成的任务。"也许我们将逐渐习惯我们宇宙的离奇之处,并最终发现这种离奇正是它魅力的一部分。"

■ 小结

亚里士多德时代（公元前 300 年）。宇宙是由 50 多个层层嵌套的水晶球面组成，地球在中心。此后一千多年，大家都这么看。

哥白尼时代（1542 年）。地球不是世界中心，太阳才是。为这个，哥白尼得罪了很多人。

开普勒时代（1609 年）。天上的星星活动有可知规律，它们遵循行星运行三大定律。开普勒为此被誉为"天空立法者"。

伽利略时代（1610 年）。银河原来是由无数遥远的恒星组成的。伽利略靠的是望远镜而不是思辨，因此他被誉为"现代科学之父"。

牛顿时代（1687 年）。万有引力！证明宇宙万物的运动遵循相同的数学规律。

爱因斯坦时代（1915 年）。相对论！人类放眼整个宇宙。时空竟然可以扭曲伸缩。

×××时代（1900 年至今）。量子理论和超弦理论！代表人物是一大批。宇宙中心论动摇。多元宇宙群雄并起，数学物理天下大乱。

第 7 章

梦 幻 穿 越

"听，隔壁就是一个宇宙地狱：去吧！"

这也是卡明斯说的。

我们想到隔壁去。

周游多元宇宙，一场激动人心的旅行。想想看，背包客立志走遍全天下（呃，天上的天上，天外的天外），墙上贴一幅多元宇宙地图，到一个宇宙，插一面小旗！

但是，我们要考虑一个现实问题：我们能走多远，或者说能跑多快？到现在我们连太阳系都没有走出去过，而太阳不过是我们这个宇宙一粒微不足道的沙子。以人类现在能够制造的速度，别说造访多元宇宙，要近距离拜访旁边一粒沙子，都是令人望而生畏的漫漫长路。即便我们搭乘"旅行者 1 号"飞船，以狙击步枪子弹 17 倍以上的速度狂飙，要到半人马座的比邻星还需 7.4 万年。

更令人沮丧的是，相对论在这个宇宙的每一处地方都竖起醒目的告示牌：限速，30 万千米/秒！

没人抄罚单，是物理定律不允许。本宇宙最快的东西是光，速度极限就是这个。——咦，为啥这么绝对？几乎所有初次听说此事的人都不服气，网络论坛上争论急了还要骂人。人们普遍有一种坚定的信念：一切皆有可能，科学家们一定是自负狭隘，思想不够解放。所以许多科幻都拒绝接受以光速为宇宙速度的极限，所有飞船都要装配比核能驱动还强大的引擎，坚持进行超光速飞行，要不然，星际旅行的故事没办法展开。

我也不服。依我听明白的科学意见，原因是光子的静止质量为零。想想看吧，它零负担飞行，你怎么跟它比！非要想超过光速，就意味着质量不能高于零——呃，那是什么东西？

我真正不服气的是，质量为零就为零罢，为何还要坚持以每秒 30 万千米的速度、并且总是以这个速度飞行呢？光子有没有慢慢散步甚至停下来歇一歇的时候？据说，光速恒定，是一项硬邦邦的"宇宙常数"，就像"人是铁、饭是钢"那

162

样,相当于不证自明的公理。

概略地说,宇宙在大爆炸创生之初,万物的基本粒子还没有形成质量时,就是以光速飞行。它们后来减慢了速度,仅仅是因为各种粒子相互作用、相互粘连,形成了质量。而光子从来不与任何粒子发生牵扯作用,所以它没有理由改变自己最初的飞行速度。

换个角度再深刻地看,如果我们把每秒 30 万千米视作静止,就可以反过去考察,为什么宇宙时空、万事万物都是以每秒负的 30 万千米的速度进行运动?嗯,这才是真正需要提出解释理由的事情。

我相信科学家一定懂得更多深层次的原因,但我确实没有找到任何科学家直截了当说清楚这个事情,或者我从来没有听懂过。再缠问,他们就要鄙视我笨了。也许这就是"科普 TOE 三大古怪定律"之"不可说定律"的又一个例子。对于宇宙以光速为极限速度的问题,迄今为止,最具体、最到位的解释,还是美国电影导演伍迪·艾伦说的:

> 比光速移动得更快不可能,当然这样也不可取,因为你的帽子老是会被吹掉。

既然如此,接受这个限速吧。那么,我们应当清醒地明白,对于游历大宇宙的雄心壮志来说,如果我们的飞船在升级引擎和改进燃料方面动脑筋,纯粹就是白费劲。要知道,就算达到光速了,想要穿过银河系还需 10 万年,我们终其一生,又能跑多远?

必须抄捷径——穿越时空。

1 相对论发现　时间空间不实在

穿越时空,大概算得上人类的第一幻想,从我们穿着兽皮裤在山洞里敲石头那时起,从我们穿着开裆裤在河边玩泥巴那时起。

现在,我们的科学说,穿越梦是有希望的。相对论虽然关掉了极限速度的大门,但也在旁边打开了一个抄捷径的小小窗口。根据相对论时空一体理论,如果不嫌弃穿越尺度的话,穿越可是比家常便饭还要简单和容易的事情。这是爱因斯坦最伟大、也最令人困惑的发现(我不大愿意说伟大发现之一)。

时空结构有弹性、可翘曲,就是相对论的奇妙发现。我们自古认为,宇宙就是时间加空间,往古今来的时间就这么流淌着,四方上下的空间就在那儿呆着。宇宙就是一出戏,万事万物作演员,时间空间是舞台。爱因斯坦突然踢爆一个惊人真相:这些,都是错觉。

这个,算得上"科普 TOE 三大古怪定律"之"不实在定律"。

时空既然有弹性,穿越必然有机会。如果能把 1 年的时间缩短为 1 天,1万千米的空间缩短为 1 厘米,很多事情就好办了。物理科学赞成,下面我们还可以亲自进行验证。实际上,相对论提供的穿越前景远不止这一点,比如,从理论上讲,时间不仅可以缩短,甚至可以(至少没有理由反对)回流。

本节以下内容,试图要解释相对论关于时空不实在到底是怎么回事。我写起来已经非常纠结,你读起来可能还会犯晕。如果你是个急性子,着急想知道如何穿越,可以直接跳过,手指拨一拨,穿越到下一节。

全宇宙没有一个统一的"此刻"。

时间、空间不实在,特别难以理解的是时间的不实在。爱因斯坦说:"对我们这些有坚定信念的物理学家来说,过去、现在和未来的区分是一种错觉,尽管这是一种持久的错觉。"只是这么说来说去,没人明白怎么回事,也没人会服气,最好讲一个具体例子或简单实验什么的。

下面我们以"此刻"为例。科学认为,全宇宙就没有一个统一的"此刻"。因为,宇宙间不存在绝对静止不动的事物,而运动必然造成时间的膨胀收缩,不同的运动主体相对于不同的观察者,时间刻度是紊乱的。比如黑洞旁边,时空严重扭曲,那里的时间流逝就跟其他地方明显不一致。不仅如此,由于光速的限制,所有的信息的传递都有延迟效应,导致宇宙各处对"此刻"的认知是混乱的。究竟怎么回事,我们不妨着眼于简单的事情,看看著名的"时间切片"思想实验。

想想此刻,你感觉的此刻,全宇宙什么样子? 你的此刻,跟太阳的此刻一样吗? 肯定不是。假如此刻你点燃了一颗爆竹,就在爆竹炸开的一刹那,太阳突然坍缩为一个黑洞了。那么,你能说这两件事同时在此刻发生吗? 不能,因为你要等到 8 分钟以后才知道太阳遭遇的悲剧。这样,你不得不承认,所谓"此刻"有两个标准:一个是你看见的此刻情景,一个是实际的此刻情景。

我们来捋一捋这个情况。此刻,你抬头望星空,那么满天星斗此刻的实际情况,并非你此刻看见的样子。

(1)假如你看见(必须强调是"你看见")天空中此刻是这样一幅场景:太阳恰好正在打一个喷嚏——阿切;阿尔法星恰好踩到一块香蕉皮摔倒在地——啪嗒;织女星恰好失手摔坏了一只茶杯——哐啷。

(2)那么我们应该明白,这三件事情在你眼里是同时发生的,而它们实际并不是同时发生的:太阳打喷嚏是 8 分钟以前的事情,阿尔法星摔倒是 4 年多前的事情,织女星摔杯则是在你上辈子发生的事情。然而,这几件事却是同时在此刻映入你的眼帘。

(3)实际的此刻,在你抬头望星空的此刻,真正同时发生的事情是:太阳因热伤风正在前往医院途中;阿尔法星因 4 年前的香蕉皮事件摔断了腿,现在还在进行康复训练;织女星则在写回忆录,正在努力回忆很久以前摔破茶杯的故事。而这些,你此刻并不知道,需要等到以后才能看见。

这个情况挓清楚了,我们就进一步明白,所有映入我们眼帘的场景,只是全部天体的光影场景。我们看到的,永远只是已经拍成并在播放的"电影",并非所见即所得。越远的天体,我们看见的是它越早期的光影。由于光的速度太快,我们的常识不大能够理解这种延迟效应。现在考虑一下比光慢的声音,比如雷电的情况。一个霹雳打下来,我们总是先看见一道闪电,然后才听见一声巨响。因为光比声音传播速度快。如果这个霹雳击穿了我们的保险丝,那么这个不幸事件发生的准确时间,一定是发生在闪电时刻,而不是听到声音的时刻。在宇宙空间,由于天体距离非常非常遥远,即便是极速的光,也存在明显的延迟效应。

现在回到刚才抬头望星空的时候。假如沿着你的视线,用一张巨大的照相机胶片在整个宇宙全部场景里切下一刀,在这张切片上的一切场景,就是你的"宇宙此刻场景"。只不过,这是一张斜着切下去的"时间片",越远的地方,越往后斜,因为你只能看到那里更早的场景。

时间切片!明白了。

没完,还有故事。这样的时间切片也并不靠谱,它经常都要发生偏转。布莱恩·格林在《宇宙的结构——时间、空间以及真实性的意义》第 5 章《冰封之河》中,讨论了时间切片如何偏转。以下内容是我所作的更加通俗的表述。

假设此刻,你往宇宙深处 100 亿光年远的一个星球上望去,那方有个叫丘巴卡的外星人(格林举例引用的科幻电影角色)也往这方望来,你们四目相对。

这很不容易,要知道,你们双方看见的光影场景,已经在你们之间传播了100 亿年。就是说,你看见的,应该是那方 100 亿年之前的情况,他看见的,也应该是这方 100 亿年之前(对他来说)的情况。

咦,有点乱!如果上帝站在宇宙穹顶上,在你们中间位置观察,他看到的是,不管什么辈分,反正你俩同时互相看见了。现在,上帝在你俩之间放一块时间切片,算作共同的"此刻"。

下面,请丘巴卡蹬上自行车,以时速 10 英里动起来,情况将发生微妙变化。

如果丘巴卡是离你远去,那么,你这方的光影场景,将需要更多一点点时间才能传播过去,就是说,他将看见你更早一些时候的情况,对不对?这一点点错位,经过 100 亿光年超长距离的放大,就变得非常明显了:他将看见你 150 年之前的情况,那时你还没有出生。时间切片向你的过去偏转了,他的"此刻",实际是你的 150 年前。有关推算过程比较纠结复杂,此处略去。

如果丘巴卡调转自行车朝你而来,同理反推,他将看见你 150 年之后的情况,那时你的后辈子孙都长大了。时间切片向你的未来偏转了,他的"此刻",变成了你的 150 年之后。

荒唐!你肯定会说:无论他看见什么,现在、此刻,我在读书,他在骑自行车,这个是铁打的事实。我们这边尚未发生的事情,远方的丘巴卡怎么可能看见呢?是的,但这里需要强调和重申的关键问题是:大家看到的和谈论的,都不过是光影场景!

这一方,你过去和未来前后各 150 年、共 300 年的光影场景,先后发射到宇宙中去。那一方,丘巴卡要花 300 年时间,来逐一观看这些发射过去的光影场景。请注意,这些发射过去的光影场景,就如泼出去的水,或者射出去的子弹,跟你本人是没有关系的。因此,我们可以换作如下比方,以利深入理解。

假设此刻,你向丘巴卡方向发射一颗光速子弹,100 亿年之后,这颗子弹击中丘巴卡。那么我们可以解释为,丘巴卡"看见"了你的此刻场景。你的开枪与丘巴卡的中枪,算作"此刻"事件。假设你此前已经发射了一颗子弹,此后还将发射一颗子弹,事情就有意思了。100 亿年之后,这三颗子弹先后飞到丘巴卡面前(当然,这个时候太阳系都早已寿终正寝)。如果丘巴卡往远方躲闪,他可能被早前发射的子弹击中。如果丘巴卡迎面往前跑,则可能被后来的子弹击中。

如果我们定义中间那一发枪击算双方共同的"此刻",那么,丘巴卡往后躲就等于"看见"你的过去,迎面跑就等于"看见"你的未来!细细品味不难明白,所谓"此刻",在全宇宙就是凌乱的。

时间、空间说到底都是主观感觉。

以上我们关于"此刻"的讨论,还只是可以帮助理解相对论的常识。相对论关于时空不实在的理论更复杂一些,概括起来内涵有三:

第一,全宇宙没有一个均匀的时间节拍,也没有一个均匀的空间分布。既然是主观感觉,处于不同情况的人,一定有不同的感觉。时间可以有急有缓,空间可以有伸有缩,他俩也是宇宙这出大戏里相当有个性的演员,而不是万古不变的舞台背景。

第二,时间和空间是一对魔幻的连体宝贝。相对论把它们叫作"时空一体化结构"。任何时候任何情况下,都不能把时间和空间分开来考虑。格林说:"无论什么时候,只要我坐下来闭上双眼,试着想一想某个或某件既不占任何空间也没经历任何时间的东西或事情,我都会大脑短路。""要真的清除了空间和时间,那么甩掉你的影子易如反掌。"时空既然一体,那么时间的变化就必然导致空间的变化,反之亦然。就像你家的房间布局,房间总面积就那么大,如果你想增加长度,就必须相应地减小宽度。对此,如果我们联想物质与能量可以相互转化的等效关系,也许有助于理解这个闹心的问题。

第三,运动和质量改变时空。运动越烈,质量越大,时空扭曲就越显著。你可以想象,喧嚣闹市不仅把空气弄得混浊嘈杂,也在搅扰着看不见、摸不着、闻不到的时空,使之凌乱不堪。再作一个不恰当的比方,想想孩子们玩的海洋球池,宇宙时空好比一座巨大的海洋球池,万物就深深地淹没在塑料球的池中,在这样的池子里待着或者奔跑,都会挤压扭曲海洋球。不过这些塑料海洋球小到极致、轻到极致,人们无法直观感觉到罢了。

还是不知所云?相对论问世之初,全世界都没有几个人知其所云。当初爱因斯坦获诺贝尔物理学奖时,颁奖词说是奖给他电磁力方面的科研成就,并没有提到他的相对论。理论物理说到底还是不靠谱,诺贝尔物理学奖偏爱实验物理。

　　仔细想想,人们对绝对时空的错觉,都是钟表和尺子闹的。在我们身居山洞、钻木取火的那些年代,天上就只有日月星辰,从来就没有挂着任何钟表和尺子,我们何曾纠结过时间空间! 无论如何,大自然的事情就是这个样子。

　　现在,这个大秘密已经被人类揭穿了,上帝表示相当忧虑。

2 相对论证明 穿越未来可以有

我们亲自来做一个实验,单看如何穿越未来。

这是最典型、最清晰的"光子钟"实验,几乎所有相对论科普著作都要举这个案例。实验是要用一个没有争议的、绝对标准的时钟,来检验时间流逝的变化。机械表、电子表、石英表、沙漏、日晷,要么不大可靠,要么情况复杂。我们可以借用光的奇异特性,打造一个绝对标准时钟。

我们已经知道,光,具有一种极其重要而莫名其妙的特性:它总是以每秒30万千米飞驰。还有更为邪门儿的事情:它在宇宙中不依赖任何参照系,任何情况下都是这个速度。什么意思呢? ——如果你乘坐一艘接近光速的飞船与一束光赛跑,在地面的人看来,你与光束并驾齐驱,速度相差无几。但你从飞船舷窗看出去,情况却大不一样,你看见光束依然以每秒30万千米的速度扬长而去。敬告读者,没有人发生错觉。你和地面上的人各自用精密仪器测量,结果也是这样。原因嘛,绝对匪夷所思,那是因为高速飞行的你,所处的时空环境发生了变化。对此,我必须严重提醒读者,这个特性,几乎就是导致相对论这朵奇葩发芽开花的种子。

强调一下,光速恒定。这是决定性的,一切奇妙始于此。以下的推论,如果任何时候你觉得不可思议了,赶紧回头来检查这个古怪的前提条件。提前作个告示:实验已经非常简明,理解相对论还很辛苦,劳驾读者略作心态调整,把轻松浏览转变为仔细思考。

(1)准备标准时钟。该钟构造简明:一粒光子、上下两块固定好的板子,光子在两块板子中间来回蹦跳,钟有了。由于光速恒定、两块板子间距(比如15厘米)特定,该钟绝对精确,特定的蹦跳次数(亦即10亿次)就是1秒。而且,永远是每秒蹦跳 10 亿个来回。确认完毕。为了实验,准备两个。

（2）我抱着其中一个光子时钟,搬到火车上去。火车奔驰起来（必须匀速直线运动,要是叮铃哐啷乱动,情况就复杂了）之后,把钟打开,我看到什么?——一切照常。光子在两块板子之间,垂直方向,一上一下,旁若无人欢快蹦跳。当然,还是每秒 10 亿次。我确认。

（3）你抱着另外一个光子钟,呆在站台观察。为了避免火车呼啸而过以至于看不清楚,我们可以设定火车以蜗牛速度慢慢开行。小心点,你看到什么?——光子钟在移动。废话,火车上的一切都在运动,那是惯性。是的,问题来了:光子也在移动,除了上下蹦跳,它事实上还在往前移动。那么,虽然我看见光子只是上下蹦跳,而在你看来,光子斜着向前、向上蹦,然后斜着向前、向下蹦。也就是说,光子是波浪式蹦跳,蛙跳。难道不是?

（4）检讨这事的严重后果。既然两块板子间距没变,光子进行蛙跳,必然比垂直蹦跳事实上移动了更多距离,对不对? 这就头疼了。接下来我建议你此时咬牙挺住,坚持理性。你发现,你的光子在垂直蹦跳,我的光子在前后蛙跳,由于光速恒定,光子移动越远、耗时越长,那么结果是什么?——你亲眼看到,我的钟慢了!

（5）有一种强烈的被忽悠了的感觉。根据惯性定律,我的钟在匀速直线运动的车上,不会受到任何影响。不管有没有人在站台观察,我的钟就是每秒蹦跳 10 亿次。因此我确信时间正常,不快不慢。那是不是说,车上的光子钟为了保持精准时钟的尊严,它会主动加快步伐,抵消火车的运动呢?——太扯了,要是火车忽快忽慢,时钟岂不要抽风打摆子! 当然不会,因为光速任何情况下保持恒定。事实上不仅光子钟,任何钟表都没有安装运动速度感应器,也没有配套的指针速度矫正器,它们照样精确可信。

（6）重新捋一遍。你在站台,一切如常。我在车上,情况貌似变了。我们展开讨论:第一,车上的钟,光子蹦跳 10 亿次,实际移动距离肯定超过 30 万千米,这是必须确定的事实。而因光速恒定,它 1 秒钟坚决只移动 30 万千米,这也是铁打的事实。第二,那么,我们不得不承认,对于运动着的钟来说,光子蹦跳 10 亿次耗时必然超过 1 秒。可是,光子钟任何情况下都将每秒蹦跳 10 亿次,它没有理由要作出让步。矛盾了,怎么办? 第三,相对论发现,都是对的,时间错了,不,是时间糊涂了。运动着的光子钟,它的每 1 秒还是 1 秒,但比静止光子钟的每 1 秒漫长一些。——老天爷,时间分裂。

(7)结论。任何东西一动,它的时间流逝就慢了。同理可证,动得越快,时间流逝越慢。这个不难想明白。

(8)把荒唐进行到底。仔细琢磨相对论刚才的裁决,可不仅仅是钟表慢了,实际是时间慢了。这叫"时间膨胀"。我们冷静地确认一下:火车虽动,钟表无辜,并无丝毫特别之处。现在它慢了,就一定意味着车上一切事物的时间流逝都慢了,还有任何例外? 呃,我们的生命也慢了。也就是说,火车到站后,我将比你年轻。

对,有点意思,这就是穿越未来。

纳闷,太蹊跷了。等一等,一定是哪儿出了问题。

经常坐火车,没有感觉到? 那是火车速度太慢太慢。举两个老掉牙的例子。1971 年,有人做了一个真实的实验,携带高精度的铯束原子钟乘坐喷气飞机环游世界,结果发现原子钟的确慢了。准确地说,慢了 1 秒钟的几百亿分之一。无论如何,确实是慢了,这就是铁证。再举一例,依据相对论相关原理(不是前述实验,而是重力扭曲时空的原理)的计算,卫星上的 GPS 导航系统与地面存在时间误差,每天积累 0.000 038 秒。这么小,我们当然无法感知,但 GPS 导航系统如果不作相应调整,误差将达到严重的 10 千米,这就很现实了。有人说,当连五角大楼的高级官员都需要了解相对论的时候,相对论的时代就到来了。

既然穿越如此容易,人世间芸芸众生,走的跑的飞的,每天都在忙碌奔波,岂不要导致时间一团乱麻? 物理科学回答,是的,真的很乱。由于人的一切活动尺度都非常小,我们不可能察觉如此细微的时间变化,更不可能感受如此细微的生命延缓。而且,你在穿越,别人也在穿越。那些天天长距离奔波的人,比如汽车火车飞机的司机,没有必要暗自庆幸,他们赢取的青春时间,恐怕远远抵不过职业病对青春的伤害。至于我们的手表,各国政府都安排了一些总是老老实实呆着不动的钟表为标准,乱不了。

呃,最强大脑的你,可能已经发现一个严重漏洞:运动的相对性。——火车运行,跟站台是相对运动。对呀,我们完全有理由认为,火车没往前动,是站台、铁轨以及整个世界在往后动。物理科学认为,从宇宙视野看,事情就是这样,千真万确,一点不矫情。这个貌似简单的问题,让世上最聪明的科学家,从伽利略到牛顿、爱因斯坦,迷惑争论了几百年。那么我们应该发现,前面的实验彻底颠倒过来了:车上的光子钟正常,站台上的光子钟慢了。

时间真的分裂了,精神也快分裂了。

为了扩大这种疯狂的分裂,再搬出一个思想实验:著名的"双生子佯谬"。兹有双胞胎两兄弟,哥哥留守地球,弟弟搭乘亚光速飞船邀游太空,一年后返回地球。那么谁穿越到了未来?

A. 飞船上的弟弟高速运动,他的时间变慢了,应该比留守地球的哥哥年轻好多岁。

B. 不对,在太空中飞船可以视为静止,是地球以亚光速远离飞船。因此,应该是留守地球的哥哥,比飞船上的弟弟年轻了好多岁。

答案是:谁要改变方向飞回来,谁就年轻。

超强大脑的你发现,不对啊,飞船折回跟地球折回,也应该是等效的。——是的。因此准确答案是:谁要通过加速(含减速)改变方向飞回来,谁就年轻。

破解这个佯谬看似简单,其实相当困难,它还涉及相对论关于时空结构、加速度与引力同效等其他智慧发现。实际上,全世界至今还有许多人认为,他们靠这个佯谬摧毁了相对论。也确有科学家认为,狭义相对论没有毛病,但双生子佯谬能够证明广义相对论有某种缺陷。为彻底解决双生子佯谬,相对论科普作家们设计了更为错综复杂的思想实验,但迟钝如我者,看上去却是颠三倒四,语无伦次，而且他们在最后总是还要说，计算结果表明云云。罢了，依据"科普TOE 三大古怪定律"之"不可说定律"，饶了那些复杂公式和冗长的推算过程吧。鉴于我们并没有真正搞懂，因此相对论究竟有没有问题，我跟绝大多数非专业人士一样，只好不持立场。Sorry！

这里重在描述科学揭示的宇宙古怪真相，不打算系统介绍科学理论体系，通过这个实验，我们确认时间穿越真的可行，就够了。

3 相对论纠结　穿越过去不好办

我们已经确认,时间是人类的错觉。前面,经过我们亲自验证,穿越未来真的可以。那么,穿越到过去又如何?——快说答案! 我们都是历史穿越剧爱好者。

迄今为止,科学对此不知所措,没有答案。

一方面,科学承认穿越到过去和穿越到未来,在理论上是一致的,没有任何一条物理定律,限制我们穿越到过去,那只不过是在方程式上面添加一个正号或者负号的问题。后面我们将知道,宇宙中存在(或者可以制造)连接不同时空的虫洞,理论上允许我们在过去和未来之间任意穿梭。另一方面,穿越到过去,明摆着面临三个无法解决的困境。那是霍金所说的"让宇宙学家做噩梦的状况"。三个困境如下:

(1)历史崩溃。

历史崩溃比波函数崩溃容易理解得多,就是前面提到的祖父悖论。显然,我们不可能回到过去,改写已经写成的历史,否则,就像给计算机一个自相矛盾的指令,它将在一瞬间崩溃,轻则死机,重则冒出一缕青烟和烧焦的橡皮味儿。假如你的孙子、重孙子从未来跑回来作奸犯科(物理学无法规定只有道德高尚者才能穿越),惹你生气,你们夫妻俩一商量,决定做丁克了(你现在绝对有这个自由),那,那帮孙子怎么收场? 要是有人穿越到 2001 年 9 月 11 日之前,忍不住打个电话告诉美国机场安检要小心,那今天世贸大楼是在呢,还是不在呢?

因此,唯一可行的结果是,你只能乖乖听从量子多重宇宙的安排,到别的演出现场"副本世界"那里去。不过,你在出发前要想明白了,那还是你所期待的穿越吗?

（2）历史多余。

穿越到过去那一刻，你是什么样子？是穿着你今天的衣服、带着你现在的手机、伴随一声霹雳从天而降吗？那样的话，历史上就多了一个你。这是一件非常棘手、非常麻烦的事情。为免于历史崩溃，你只能作为一个幽灵般的存在，旁观历史，看一场全息电影。要不然，年轻（或年老）时的你自己，在街角某个转拐处邂逅穿越而来的你，该如何打招呼："亲，你来啦？"——那样的话，即便历史不崩溃，你也要崩溃了。事实上，如果穿越真的可行，未来、未来的未来，一定已经有无数好奇如你我的穿越者（未来有无数的旅游黄金周），络绎不绝地来到今天。可是，你见过谁了？如果有人还坚持假设说，古代的孔夫子、隔壁的二傻子，都是未来的智者潜伏回来装扮的，听上去很酷，可我找不到他们非要这样做的合理动机，呃，难道他们被时空虫洞夹了脑袋？

（3）历史重复。

多出一个人是不行的，多出来的人还要干预历史更无法接受。那么，像小偷掉包那样，悄悄地移形幻影，你化作以前年轻的你，或者化作另外一个古人？呃，这是很严谨的课题。TOE 科学家们认为，穿越者将被剥夺任何可能干预历史的"自由意志"。就是说，历史只能照本宣科重演一遍，那倒是可能的。每个人都有这样的幻觉，突然意识到某些事情仿佛经历过，你完全可以认为，这就是穿越。比如庄子梦蝶，我们可以说他穿越了，而且是人与物的穿越。阿基米德泡在浴缸里，突然悟到浮力定律，也可以说他穿越了，未来智者到古代的穿越。可是，那又怎样呢？没人会在意。没有任何穿越者佩戴着旅游证件。

这样我们知道，穿越和被穿越，基本就一回事。再想想，穿越和不穿越，基本上也是一回事。可不是嘛！费这么大劲穿越时空虫洞，还不如做个梦来得经济实惠一些。

再回来请问科学，穿越历史究竟行还是不行呢？

知道吗，科学家们有点羞于谈论这个话题，要谈也要用"类时间曲线闭合"之类唬人的专业词儿来掩饰。因为事情比较尴尬：他们的公式说应该可以，但他们的常识说那不扯吗,迄今为止,他们还没有把这两者捋清楚。霍金和索恩,是比较认真地研究过时间机器的重量级科学家。

索恩指导的《星际穿越》,库珀穿越到了他和女儿的过去,甚至急吼吼地大喊大叫,试图阻止自己离开女儿的房间。索恩知道他不可能干预既成事实的历史,但因剧情需要,电影让库珀提供的信息穿越时间,传递给了女儿。这,已经是严重的文艺了。

霍金曾经做了一个严肃活泼的科学实验。2009 年 6 月 28 日,他在剑桥大学一间房子里布置了气球、香槟和美食,挂上"欢迎时间旅行者"的标牌,然后在门口端坐轮椅,恭候未来的访客。他还写好了邀请函:"诚挚邀请你参加时间旅行者的宴会。宴会由斯蒂芬·霍金教授举办。"请束还贴心地标明了宴会地址的经纬度。我们要注意,这种邀请函送给谁、如何送达,是一件让人无比闹心的事情。因此霍金的宴会还有一个特别古怪的设计:他事前没有让人知道此事,而是内心暗自谋划,希望他的邀请函以这样或那样的方式存在数千年,未来的人们,比如那时的"环球小姐",看到邀请函后穿越回来出席他的宴会。这个设计是合情合理的。

霍金最后空等一场。我们无需等到未来若干年,现在,就在霍金收拾杯盘碗盏的时候就可以确定,如果未来确有某些穿越爱好者愿意配合霍金的实验,并且真的能够穿越的话,他们失约了。想想看吧,这是意味深长的结局。难道说,我们的科学大腕儿,写一本小书就有上千万人争相购买的霍金教授,不够他们考古? 在霍金宴会之前的 2005 年 5 月 7 日,美国麻省理工学院也召开过一次时间旅行者会议,当然,没有时间旅行者到会。

这帮"孙子"们!

我们从来没有见过任何未来的人穿越到现在,这,足以间接地同时也是非常有力地证明,穿越历史是不可能的。

然而,我们必须深刻注意,前面所说让宇宙学家做噩梦的三个困境:历史崩溃、历史重复、历史多余,跟物理科学并没有直接关系。无论这三个困境多么令人抓狂,物理科学仍然坚持,可怜的物理科学它必须坚持:没有任何一条物理定律,限制我们穿越到过去。霍金努力为不能穿越历史寻找各种物理依据,不惜搞出一个吞吞吐吐的"时序保护猜想"。最新的结论是,可能有一种莫名其妙的机制,在人们试图通过时间机器穿越历史的时候,导致机器死机崩溃,发生不可避免的自我毁灭:嘭!

时间机器为什么必然发生爆炸,有一个比较好懂的解释。假如我们向虫洞发射一束光,假设它穿过虫洞之后就将回到过去,这就相当于,它将立刻回到穿过虫洞之前的状态,而且,它将首先回到穿越虫洞的最近一瞬间。如此,这束光就不得不再次穿过虫洞。注意,请认真想一想,这个奇怪的过程将在你决定实施这个实验的瞬间进行无数次,而它没理由在你还没有想做实验之前,就莫名其妙地启动时间穿越,对不对啊?那么,一瞬间,说时迟那时快,无数光束往返将导致能量无限累积。结果,当然是爆炸!

这多少显得有点勉强甚至可笑。

窃以为霍金的前提,不是物理本身的逻辑,显然还是因为穿越历史的悖论无法解决,为了结束大家的噩梦,不得不勉力拼凑这些依据,以证明这个世界是"让历史学家放心的世界"。这是不是像在代替上帝,威胁我们无畏的穿越爱好者?我们可以期待一个有意思的结果:要么是时间机器,要么是科学家,这二者总有一个,而且必须有一个,要崩溃。嗯哼!

目前,霍金还在纠结中。他认为,时间机器一旦开机就要炸掉,但仍然有一个极小的概率会逃过自我毁灭的结果。他对这个概率进行了计算,当然我们犯不着去考察他那些无比闹心的计算过程,何况不定哪天他还会宣布计算出错呢。计算后的结论是,那个概率是 10^{60}。不是万一,而是一万亿亿亿亿亿亿亿分之一。他和索恩提出,关于量子引力定律的研究可能找到答案。索恩猜测说,"残缺"的量子引力定律,也许可以在时间机器崩溃之前阻止发生电器短路起火。霍金不同意,坚称量子引力只能在时间机器处于毁灭边缘的那个最后时刻,才发生作用,没有机会阻止。

索恩是最早认真研究时间机器的科学家,他最后是想明白了的。他在自己 60 岁生日的时候,对未来物理科学的发展作出 10 个隆重的预言和猜想,最后一个预言是(请历史穿越剧的编剧导演们注意):

> 我们将证明,物理学定律严禁回到过去的时间旅行,至少在人类的宏观世界是这样的。不论多么先进的文明付出多么艰辛的努力,都不可能阻止时间机器在启动的时刻发生自我毁灭。

可是,一贯爱赌并且曾经输给索恩的霍金教授,这次却不敢下注了,哪怕 100 美元都不干。预言虫洞将有 10^{60} 的毁灭概率,正是霍金送给索恩 60 岁的生日礼物。霍金还在他的著作《果壳中的宇宙》中弄了一副索恩的插图,索恩背后有一层模糊的叠影,霍金说,那表示某个杂种从未来回来并杀死其祖父,但因为没有得逞而仅仅只是背后一层微弱的影子,也可以表示在某些其他宇宙里,此事已经成为现实。因此,对于物理定律是否允许这样的时间机器存在,霍金的最新答案仍然是怯生生的三个字:可能不。

这个事情,考虑一下代号×××的"好吧,重新来"理论,各位读者其实也可自行验证。请留心你们手中的这本书,看有没有未来的人穿越回来,用一支红笔在上述索恩的第 10 个预言上打一个大叉。我坚信总有一些积德行善的读者,他们的玄子玄孙将不惜在 10^{60} 的概率里捕捉机会,以帮助祖辈解除对宇宙奥秘的深刻焦虑。

穿越历史的企图可以休也。

至于我们日常幻想的穿越场景、电影描述的穿越故事,只要我们稍微冷静一点就会发现,好多都是自相矛盾的无稽之谈。我们随便举一个例子。比如,你驾车出门,不小心跟人追尾了。好吧,穿越回去重新来过,方向盘轻轻一扭,擦肩而过。OK 了。

等一等,这个想法太幼稚、太草率了。你必须带着大家一起穿越,要不然被撞的人首先告你一个肇事逃逸。还有街边的目击者,特别是路口的监控录像头也要带走,否则警局电脑上还是有你的违法记录,穿越完了还要交罚款。

更为严重的是,你们"倒带"重来这段时间里,全马路的行人和汽车倒带不倒带? 如果不倒,这条川流不息、车流如织的马路,怎么保证你们还能够重新"挤"进现场来、上演一场有惊无险的擦肩而过? 全马路倒带了,全城倒不倒? 这条马路可不是封闭的摄影棚。你不可能派人到城郊设立告示牌:"本市正在穿越,暂停开放!"结果是,牵一发动全身,全世界都必须跟着你重来一遍。就是说,为了躲避一场小小的交通事故,你必须设法把整个世界塞进虫洞里,不,是把整个世界连同全部社会生活塞进去。

更、更为严重的是,倒带之前的那个世界,人们的生活如何继续下去? 比世界末日还尴尬啊! 忘了它吧,不能再要了。

我的结论是,穿越历史这事儿,别问科学家了,咱们自己就可以想明白。科学家即便发现理论上可以穿越历史,他们也不敢声张,而是满腹狐疑,私下里反复检查他们的方程式,肯定是哪里出了问题。

可以穿越时空,也可以穿越多元宇宙。至少,有6条途经可以帮助我们实现穿越大梦。当然,我有责任向读者交代,科学家们提供的穿越途径还有好几种,比如,围绕什么哥德尔旋转柱,无限长的宇宙弦,等等,但都还只是非常不靠谱的理论模型,而且非常数学,了无生趣。下面6种,你大致都可以期待,至少可以为你自个儿的科幻增加生动情节。

4 最实用的穿越 高速飞行

飞慢了没意思,要快。

通过高速飞行穿越未来,实际效果非常不如意,因为目前所有的人造速度都太慢。换乘最先进的火箭飞船绕着地球孜孜不倦地飞,情况如何? 那么,穿越未来是必须的,只是效果仍然不会令人满意:持续飞行 100 年,年轻不到一个月,非常不划算。换乘接近光速的太空飞船呢? 那就相当可观了,你在飞船上的 1 年,相当于地球生活的 250 年。天上三日,人间百年,还真不是神话。

不过需要提醒的是,这样的飞行,代价非常大。任何东西速度越快,质量越大,而且是翻着番、打着滚地增长,接近光速是相当困难的事情,根据 $E = mc^2$ 的公式,那需要难以想象的强大能量提供动力。多强呢? 把银河系 2 000 亿颗恒星的热核能量,全部收集起来驱动你的飞船,也不见得能够多么接近光速。达到或者超过光速,相对论就要慌了,因为那将直接导致时光倒流。幸好,这在本宇宙是理论上就不可能的事情,当任何东西无限接近光速,它的时间将减慢到停止,距离收缩到零,重量变得无限大。当然没有可能。这反过来证明,光速限制彻底杜绝了时间反演的荒唐事件。霍金和索恩他们的时间机器,也只是开发利用虫洞,而不是靠猛踩油门加速飞行。

还要提醒一个,穿越不等于长寿。你丝毫占不了生活的便宜,穿越过程等效于时间冻结、人生后延。因为时间放缓的同时,你的一切,包括行动举止、心跳、新陈代谢、思维,等等,都同比例放缓了,而且你还浑然不觉,根本不可能体验到任何差异。不好理解、担心心脏跳慢了出问题? 好吧,反过来思考,一切纠结迎刃而解——不是你慢了,而是别人快了。

据此,飞行穿越方式的本质,是穿越者跟大家打一个时间差。你的太太登上飞船消失在太空,那近似于她把自己冻结起来,撇下你自己过日子,等你老一些之后,她再苏醒过来。白雪公主大致就是这么干的。再者,你如果厌倦了当今时代的生活,也可以考虑搭乘接近光速的飞船去太空溜达两年,再回来跟后辈子孙过日子。但是,若希望通过高速飞行而保持长生不老,就是严重误会了。

真正比较现实的方案,不是傻傻地飞行,而是到黑洞旁边呆一会儿。根据相对论,黑洞因其无比强大的引力,将严重扭曲时空。越是接近黑洞的事件穹界,时间越慢。进入穹界,时间干脆就要停止。如果你有机会去黑洞旁边逗留(当然有严重的生命危险,你懂的),在地球人看来,你几乎就僵在那里了,眨个眼也要费上大半个钟头。你吃顿飞船盒饭的工夫,地球人已经度过了一个愉快的黄金周。

窃以为,借黑洞驻颜,相对来说是比较靠谱的。虽然目前还是理论推测,但相信无需太久就会得到科学验证。这事儿直接关系引力如何扭曲时空的相关理论——唉,那更是一团乱麻,下面专门谈扭曲时空的穿越方式。

5 最炫酷的穿越 拖曳时空

永远有无数人要跟光速限制较劲。

相对论认为,引力会使时空发生弯曲,就像保龄球压在一张条格床单上,星体的质量会使周围的时空发生翘曲。

地球围绕太阳转,你可以说根本就没有什么引力,是太阳这样的超级保龄球,在太阳系的空间里砸出一个深坑,地球沿着大坑的边儿滚动,而已。你我百十多斤块头,也会压弯空间,不过尺度过小,远远不足以导致耳尖上的蚊子闪着它的腰。再重一点呢? 黑洞。对,黑洞因为质量巨大,宇宙空间的条格床单都兜不住了,啵,破裂开口。

——上述这几行字所包含的内容,需要提请读者注意,是相对论重要而奇特的思想贡献。建议读者再看看梵高的印象派画作,虽然梵高不知道相对论,但他的《星空》,等等画作,却是在用斑斓色彩,真切形象地描绘了日月星辰在太空里搅动的引力晕轮。

注意,机会来了。许多野心勃勃的科学家和科幻作家,都在围绕这个时空翘曲做文章,以期能够达到超光速旅行的实际效果。

理论上讲,如果我们能够对空间实施压缩和拉伸,就可以形成一段"近路"。比如,我们的太空飞船边走边往前面扔超重保龄球,靠球的重压把空间像床单那样拖过来、折叠起来,就能省下一些行程,当然是合理想象。再加上,鉴于空间扩展速度没有限制,甚至可以比光还快,通过压缩空间实现超光速飞行是大有希望的。当然,保龄球只是形象比方,实际是要拉扯、压缩飞船前面的空间,同时扩展、抹平后面的空间。就是说,如果我们想飞到阿尔法星,不必怀着绝望的心情猛踩飞船油门，可以启动"曲率发动机"翘曲时空，把它拉近一点。今后如果我们看见太空里有些飞船划起双桨，不要奇怪，它们真的是在拨拉一无所有的空间！

有人说这应该叫做"宇宙拖曳"。很酷。

曲率发动机是什么东西？德国科学家巴克哈德·海姆较早提出"超空间发动机"的概念。1994 年，墨西哥科学家米盖尔·阿库别瑞提出更具科学依据的"曲率航行"理论，这个原理被人们用来设想超时空旅行的卷曲引擎，称为"阿库别瑞引擎"。其设计理念是，用某种奇异物质制造一个球状飞船，向周围施加负能量，以强力磁场制造引力场，让时空在四周发生弯曲，使前方空间缩小，其后方空间膨胀。飞船则包裹在由平滑时空组成的"气泡"内，确保自身时空曲率不受影响。

看，打造人类自己的 UFO，利用时空扭曲和时空跳跃实现超光速的星际航行，绝对是我们这个时代最激动人心的科幻。有人估算，搭载阿库别瑞引擎的人造 UFO，由地球前往火星只需 3 小时，由地球前往距离 11 光年的另一星球只需 80 天。科学家承认，电影《星际迷航》那些活灵活现的幻想，还真的比较靠谱。窃以为，相比其他伤害人性、制造噩梦的穿越幻想，这个方案应予鼓励。

不过，我们的 UFO 要立项投产还面临两个麻烦事情：其一，能量麻烦。压缩和拉伸空间需要非凡的能量。有人说，那需要将整个木星的物质质量，按照爱因斯坦质能方程进行全部转化。这个就相当为难人了，必须另谋出路，比如，调动反物质制造能量，或者利用某种奇异物质制造负能量。其二，方向盘麻烦。由于飞船必须包裹在平滑时空的"气泡"内，飞船内外的空间就是断裂的，信息无法穿越断开的空间，所以，飞船方向盘只能是个摆设。出发前，我们的 UFO 就必须进行跨星系超远距离的精确瞄准，然后弹射。

这个就有点尴尬了是不是。

　　冷静地看,我们的 UFO 还处于最基本的概念阶段。比如周易八卦阴阳二
爻,没错,就是电脑的二进制原理。但是,从《易经》到算盘,再到电脑的进化,
历时差不多三千多年。而从阿库别瑞引擎理念到我们的 UFO 样机,窃又以为,
恐怕距离还要远些。

6 最苦逼的穿越　坐等跃迁

前面知道，有些宇宙正在靠拢，耐心等着它们自己上门吧。或者，我们造一艘"探索者n号"，飞越哈勃体积去迎接远方来客。是的，这一招还真是没有意思，你连太阳系都没出过，还指望有什么机会能够远游宇宙之外，碰到什么惊喜？

理论上讲，坐等是有希望的。

不是等着别人上门，而是等待大自然的安排，通过量子跃迁实现自动的空间穿越。我们看一个思想实验：崂山道士穿墙术。如果"量子自杀"实验成立，崂山道士是不是也该有机会可以穿墙而过？按照量子理论，这是一个概率事件。只要他耐心盯紧且时间够久，就有可能成功地碰到墙壁的全部粒子发生异常波动，给他让出一个窟窿来。不过，概率确实很小，别说偶尔抽中六合彩，即便你和你全家每个人打算天天都中万合彩，也比这个概率大很多、很多。顺便善意地调侃一下：有的高僧面壁修炼，多年不动，是不是在等这个概率啊？

量子理论的许多科学家都讨论过类似的例子。电子、光子等极小粒子的确可以在不同地方随机出现，绝大多数情况下，它就在你知道的那个大概地方，并且在那个地方周围每个位置，这可以进一步完美地解释，为什么几粒电子围绕原子核，就像厚厚的云层笼罩原子核。不仅如此，那些电子甚至还可以莫名其妙地出现在仙女座某个角落。它没有出现在仙女座，只是因为概率太小。

要知道，无论概率多么小，在严谨的科学里，它，就是真的。像人体、墙壁等这样的"宏观"物体，发生这样的移形换影也不是不可以，只是概率之小，更呈几何级数的严重翻番。道理非常简单：这需要构成人体、墙壁的所有亚原子粒子，同时发生那种极端小概率事件——倒计时5、4、3、2、1、走起！加来道雄有时给他的博士生出这样的题目,要求他们算一算这个概率究竟是多少,这倒还难不着他的学生,只是他们可怜的计算机要遭殃了。

可见,企图实现崂山道士穿墙术是多么的无聊,扯淡啊。——呃,不,你可能不知道,并且我肯定你也不会相信,坐等,其实是一个严肃的科学方案。

我们知道,宇宙极有可能走向大冻结。科学家现在就在认真地展开研究,在趋于热寂的垂死宇宙中智慧生命何去何从?是早了点呵。科学家弗里曼·戴森等科学家提出,智慧生命可能最终会放弃他们脆弱的血肉之躯(就是贾宝玉说的臭皮囊,不要了也罢),直至转变为某种特别方式的信息处理组织(不要怀疑人类在 10^{100} 年以后的科技能力)。温度继续下降,还可以放慢"思维",拉长信息处理时间,通过蛰伏保持能量。以这种方式,智慧生命将能够无限期地处理信息并进行"思维"。对哪怕单独一个念头进行思索,都可能要耗费几万亿年的时间,但从他们的"主观时间"来看,思索过程仍是正常进行的。因此你大可不必去同情他们的万年孤寂。

这,当然是超极限坐等,是避免彻底绝望的唯一希望。那时,对这些可怜的智慧生命来说,几万亿年就相当于几秒钟。时间其实并不是问题,如果大家都同样地慢的话,人们不会有任何不满。这个方案貌似没有任何意义,却有一个神奇的好处:他们如此之慢,以至于在他们看来,奇异的量子事件经常都在发生。加来道雄说:"他们可能会时常目睹泡泡宇宙从虚无中产生出来,或量子跃迁进入另类宇宙。"通俗地说,崂山道士不需要咒语,他要做的事情主要有两件:先把自己的肉体凡胎精心地转化为一团精神之雾,然后,在墙角根儿老老实实地蛰伏等待,等它个海枯石烂、地老天荒。

超前研究超前到这种程度,简直就像梦呓。可这就是科学。戴森的研究并不寂寞,他的方案引起另外一些科学家的热烈讨论,最终证明,戴森的方案大概是不可行的。考虑到一些眼光特别长远的读者也在操心 10^{100} 年甚至更久以后的人类命运,为避免他们对量子跃迁的奇迹盲目乐观,特此提醒。

7 最顽强的穿越 突破虫洞

虫洞,即虫子蛀穿苹果形成的捷径通道。

又是苹果!物理科学从牛顿时代开始就离不了苹果,它总是在关键时候领导物理科学的重要课题,爱因斯坦也用它来研究时空的打通和连接。根据相对论,时空既然可以拖曳、可以折叠,那么把条格床单折弯过来,两头就靠近了,在这两头打出洞口、连上管道,就是捷径。好比虫子蛀穿时空苹果。这个洞,就是赫赫有名的时空虫洞。

那只蛀穿苹果的虫子,有人给它起了个名字:哥伦布。

物理已经证明,虫洞可以有。如果说黑洞是面目狰狞的宇宙妖怪,虫洞就是极具浪漫色彩、人见人爱的宇宙精灵。因为从目前情况看,它可能是最有希望实现人类穿越大梦的科学选择,不仅可以帮助人类超光速旅行,甚至还是穿越多元宇宙的重要机会。理论上讲,我们可以从自家院子里的虫洞入口进去,然后从仙女座某个星球上的出口钻出来,看看那里到底有没有仙女。如果通道连接恰当,还可以穿越到其他宇宙空间里去。必要的时候,比如宇宙衰老或遭遇 Ω 值突然异常波动,我们就可以考虑拿出史诗般的宏大气魄,来一次摩西出宇宙,实现人类文明大迁徙。

这一切,当然都是高度抽象(不妨就叫作白日梦)的概念。制造虫洞这项工程,造物主做了一半,另外一半必须靠人类自己。造物主至少设计了两个方案。一个是靠黑洞生成虫洞,相关的生成机理非常复杂,我们只需明白,大概是黑洞中心的奇点,在宇宙空间里扎出一洞,它可能通向我们根本无法预知的另类空间,包括其他宇宙。另一个方案嘛,就摆在我们面前。根据量子理论,宇宙空间在普朗克尺度之下是离散的,量子态的一份份空间包之间,存在着无数裂缝,当然你知道那是多么的小。裂缝之外是什么呢? 不知道,唯一知道的是,肯定不是我们熟悉的宇宙时空。现在,科学家和科幻作家都在惦记着要撬开它,到"另类时空"或者"非时空"去看看。当代物理比较一致地认为,只要我们有足够能量,就可以在任意地方凿开一个虫洞。

造物主提供的天然虫洞,对于人类旅行家来说缺陷非常严重,它极端微小,极不稳定,极其严酷,是货真价实的天堑。人类要完成另一半工程,需要有比肩造物主的能耐。对此,加来道雄信心满满。他专门挑战物理上不可思议的事情,声称自己陶醉于"与不可思议事物的终身恋爱"。他把未来科技分为三个档次的不可思议,机器人和 UFO,等等属于"一等不可思议",打通虫洞穿越时空属于"二等不可思议",仅比永动机困难,永动机和预知最悬,属于"三等不可思议"。具体来说,突破虫洞的关键,是以超高负能量实施爆破,并持续撑开狭窄通道,当然你还需要一套特制的防护服,搞定之后,就可穿越。

说得轻巧,想干这种事情的话,即使是在实验阶段的准备工作,就需要耗费巨大成本。关键设备还是粒子加速器(望远镜早已成为玩具级天文器材),前面我们知道,这样的加速器可能比太阳系还要大。加油!

窃以为,对于企图穿越的人来说,虫洞之严酷,远远不止一个终极绞肉机。那个狭窄隧道,别说你我,神都难过。我的看法,这还真不是造物主故意设个机关为难人,那是因为,虫洞既然是时空的换乘站,所有产生于、依赖于现实时空的一切,都必须干净彻底地"归零",才能转入新的时空。否则,若有任何一丝的残留,都立刻意味着时空转换不彻底、不成功。我确信——赌金为 100 元人民币——无论怎么努力,也不可能把虫洞改造成为我们与多元宇宙之间的走廊。

换言之,虫洞,仅仅是纯粹时间、纯粹空间的专属 VIP 通道。相对于纯粹的时间来说，一瞬间也太过漫长；相对于纯粹的空间来说，一微米也太过肥胖；相对于纯粹的虚无来说，一毫克也太过多余。你像妖精那样化作一缕青烟，也绝对过不去。你必须掏出所有"随身行李"，直到你在时间上无始无终、空间上无影无形，比如，化作虚粒子，才有机会轻松愉快地通过虫洞。

基本上，我们可以把虫洞看作恶神把持的奈何桥。

8 最危险的穿越 全息传真

这可是相当诱人的科幻。

在两个不同的时空范围,或者两个宇宙,安装一套多维全息传真机。呃,谁知道去哪儿弄来这样的机器,最原始的图纸也许在加来道雄那里,反正理论上讲,这个可以有。第一步:这一方,传真机把你全身扫描一遍,获得全部信息——包括组成你身体的每一颗粒子的每一个形态,包括脑神经储存的全部思想,以及不知哪些神经储存的所有隐秘心思。第二步:将这些信息转换成可以跨时空交流的编码(假设我们已经破译暗物质、暗能量的编码),然后传真过去。第三步:那一方,传真机收罗一批粒子,大约 10^{xx} 个(耗材很便宜,也许多抓两把空气就够了),按编码再把你拼接出来。副本绝对真实,如假包换。

这个方案,相当于对肉体凡胎进行破坏和重组。原理是成立的。我们知道,每个人来这个世界一趟都很不容易,而且每个人的存在都是最独特的,拿100个宇宙来换,也没有人愿意交易。但布莱森提醒你:组成你的那些原子、亚原子粒子,其实对你并不在乎。它们毕竟是没有头脑的粒子。要是你拿起一把镊子,把原子一个一个从你的身上夹下来,你就会变成一大堆细微的原子尘土,其中哪个原子也从未有过生命,而它们又都曾是你的组成部分,这是个挺有意思的想法。总有某个时候(并不太久),你的原子们将宣告你生命的结束,然后散伙,悄然离去成为别的东西。你也就到此为止。相信你在这样的传真机面前不会犹豫太久。

因此,理论上讲(又来了,让人恨得牙痒痒),传真旅行是可行的。而且工程量并不算大,告诉大家一个好消息:为了防范未来可能发生的天地大灭绝,加来道雄他们正在考虑,要不要准备把我们的文明世界全部复制,传真到其他宇宙去,永续香火。

人们马上会提出一个问题:"原稿"怎么办？有人回答说,为了保护你的唯一性,以避免道德困扰和法律麻烦,有一种神秘力量要毁掉原来的你。那是不懂量子力学外加自作多情。按照测不准原理,每一颗粒子在经过扫描之后,都会因被干扰而"坍缩"。就是说,扫描之后,你必定就已真的化为一堆粒子,掉落一地鸡毛。当然,还有一个要命的麻烦问题:原稿虽然毁掉了,复制机制还在。要是对方传真机的操作者,在传真份数按钮上,邪恶地按下"2"……

再加上,考虑到传统传真机都有中途断电和卡纸的风险,建议你谨慎选择这种出行方式。

关于"传真"原理,前面提到的量子纠缠现象,已经证明可以进行某种"超级传真"。量子论科学家们虽然也无法确切解释这种现象,但并不妨碍他们继续进行研究和实验,现在已经把实验做到了应用领域,比如量子通信。

量子通信的专业术语叫"量子隐形传态"(quantum teleportation)。我们知道,亚原子粒子拥有绝对神鬼莫测的魔幻舞姿,那叫"量子态"。对不同的量子态进行编码,就可以表达信息。如果把纠缠的粒子一对一对地分配给牛郎和织女,他们就可以通过拨拉这些粒子,进行超高速、免流量、无法破译而且根本不可窃听的私密通信。

应用到人间通信领域,稍微麻烦一些。接收方和发送方需要拥有某种匹配成对的编码设备。首先,双方对量子态进行联合测量,按照"波函数坍缩"原理,双方量子态立刻坍缩,遭到破坏。然后,发送方通过传统通信光缆传输测量结果。这个过程"监听"无用,因为监听者没有参与双方对量子态的联合测量。最后,接收方根据传输来的测量数据,结合联合测量的信息,抓一把空气提取粒子,构造出原量子态的全貌。我说的确实有点不清不楚,大致意思而已,姑且听着吧。

2012 年,中国国家"千人计划"入选者潘建伟等科学家,在国际上首次成功实现百千米量级的自由空间量子隐形传态和纠缠分发。这个记录还在被各国科学家不断刷新。

9　最矫情的穿越　心动此念

说走就走,说到即到,一个地方都不耽误,超弦理论的多元宇宙假说支持你。因为无数的多元宇宙里,无数的你都是真实的,如果你能够驾驭意念,就可以认为你在多元宇宙间跳跃穿梭。可是,这个更是真正的没趣。要是在这个世界你不开心,你如何知道,在摇身过去的世界你就要走运? 更为吊诡的是,你又如何舍得撇下(你不可能撇下)在这个世界不开心的你? 哪一个世界,才是我们现在对话时,你希望的你? 这么说吧:你,实际存在于 $10^{10\,000}$ 个(别较真,数字顺便写)世界,也可以说你从来就没有闲着,一直就在忙忙碌碌地穿梭于 $10^{10\,000}$ 个世界,你更喜欢哪一个世界?

对此,有科学家还提出一个"囚徒困境"式的道德选择难题,建议亲爱的读者严肃思考。这个难题是说,假如多元宇宙理论向你确切地证明,有 100 个大同小异的宇宙,每个宇宙里都有一个真实的你,过着大同小异的生活。你的这些拷贝,根本无法分清谁跟谁有什么不同,都是真的。那么,如果让你——正在读到此处的你——现在就去死(得罪了,实验需要),代价是另外 100 个世界里的"你",从此过上你梦寐以求的、万事如意荣华富贵的日子,你如何选择? 嘿嘿,有点诱人呵。我估计,你更愿意让其他宇宙的某一个"你"本人作出这样的牺牲,为当下正在思考这个问题的你自己,换来某些好处。

话说回来,你喜欢的是"穿越"这件事情本身,可造物主很难让你体验,也很难让你意识到,其实你分分秒秒都在穿越。

只有我这本书,此刻在提醒你!

那么,《疯狂宇宙》的后续篇章,咱们是在这个世界探究,还是在别的世界探究呢? ——由你挑。

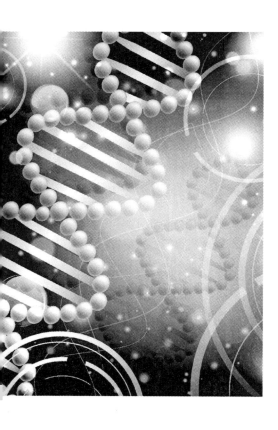

第 8 章
感 伤 闹 剧

人类文明不过是一堆基本粒子构建的闹剧一场。

——温伯格

假如有人告诉你,昨晚一阵龙卷风袭击了一座废旧汽车场,风过之后,居然留下一架拼装完整的波音 747 飞机。这事儿不用问,你当然不会相信,可你会相信说这话的人脑子有病。

但是,我们的宇宙,我们智能生命,差不多就是这么来的!

1 龙卷风难题

我们的宇宙:2 000 亿座庞大星系,10^{50} 吨日月星辰,10^{90} 颗各种粒子,还有一颗古怪星球,我们钟爱的蓝天白云、高山大海,还有 3 000 多万种动植物、考究的 DNA 大分子链条、上千亿个神经元组建的人类大脑……这么多纷繁复杂的东西,究竟是谁设计制造的?

物理学家们,特别是那些正在考虑人工制造一个宇宙的科学家们发现,假如要让他们来设计制造这么些东西,并把它们安排成今天我们看见的这个样子,那是相当棘手的事情,干脆说,根本就是一件不可能完成的任务。倒不是因为工程浩大、材料紧张,也不是说完全模仿有困难,因为即便你装配时漏掉一万个星系,这个宇宙仍将毫无知觉。科学家们说的困难,是指物理法则的精确设定和调试非常困难。

人造宇宙,随手搞一个并不难,只要电能充沛、蛮劲儿够大,总有一天卖气球的小贩都可以批量制作,而且立等可取。只不过产品规格无法保证,有的可能是瘪的,或者是死的,有的可能会小一些,小到转瞬间塌缩回去。有的可能又大了一些,大到太阳抓不住地球,地球抓不住月亮。总之,要想做成现在这样,能够拥有蓝色地球这样的天体,而且还要能够产生生命,能造就人类这样的智能生命,那么,你必须要有龙卷风造飞机那样的好运气。这个比喻是英国天文学家休·罗斯说的,我觉得应该有个严肃的科学名字:龙卷风难题。

怎么就巧到如此严重的程度？如果你从这个宇宙撤退出去,照着这个宇宙的样子从一无所有开始做起,构思、画图、备料、锻造、装配……那么动手之前,你最好先看看科学家马丁·里斯研究的宇宙炮制配方。他的著作《六个数——塑造宇宙的深层力》指出,有六个数字相当独特,差之毫厘,失之千里。要想得到我们这样的宇宙、我们这样的智能生命,必须让这六个数字中每一个数字的取值,都保持非常严格的精确。龙卷风难题,难就难在这里。马丁·里斯的六个数分别是:$N, \varepsilon, \Omega, \lambda, Q, D$。

N 静电力与引力的强度之比。其值为 1 000 000 000 000 000 000 000 000 000 000 000 000 000。引力在宇宙各种基本力中弱到可笑的地步,但宇宙万物一秒钟也离不了它,而且一丁点不能改变。这个事情,在物理学家看来是本宇宙最令人纳闷的设计,如果引力再弱些,那么恒星就无法凝聚并产生出聚变需要的巨大温度,这样,恒星就不能发光。但如果引力稍强一些,这就会使恒星升温过快,它们的燃料将很快烧完。当然,还有比这更糟糕的事情:我们需要长出粗壮难看的大腿。

ε 氢的相对数量。其值为 0.007。如果这个数字是 0.006 而不是 0.007,核作用力就会被减弱,质子和中子就不能结合在一起,重元素无法形成。如果这个值是 0.008,则聚变的速度会快到大爆炸中剩不下一点氢。那就不是盛大节日的时候,孩子们有没有氢气球的问题,而是不可能再有任何生命存在了。

Ω 宇宙的相对密度。前面我们已经知道,如果 Ω 的值太小,宇宙扩张和冷却的速度就会太快。如果 Ω 的值太大,宇宙在生命起步之前就会坍塌。惊人的问题是,这个 Ω 值非常微妙,在我们现在的观察看来,它在偏大和偏小之间摇摆。全宇宙 10^{50} 吨物资全部磨碎为原子,撒向这个无比寂寥空旷的宇宙,平均每立方米也就几个十来个原子,多两个或者少两个,那这个宇宙就连它妈妈都认不出来了。

λ 宇宙常数。它决定宇宙的加速度。如果它稍微大几倍,它所产生出来的反引力会把宇宙炸飞,并使它直接进入大冻结。如果宇宙常数是个负数,宇宙就会剧烈地收缩,进入大坍缩。按照多元宇宙假说,绝大多数宇宙就是这么夭折了的。

Q 宇宙微波背景中不均匀分布的振幅。其值为 10^{-5}。专业术语不大好懂,依我的理解,大概是指万物收紧放松的力度。如果这个数字小一点点,宇宙就会极端均匀,成为死气沉沉的一团气体和尘埃,而无法凝缩为恒星和星系。如果这个数值再大些,这种巨大的气团不论形成了什么样的恒星,都会紧紧地挤在一起,或者成为一些巨型黑洞的天下,而不可能出现行星体系。好比和面做饺子,水掺多了太稀,掺少了又要成死疙瘩。

D 宇宙维度的数值。我们都很熟悉,其值为3。低于三维的宇宙,我们绝对无法接受,没有谁愿意活在扁成一张纸的皮影戏里。维度再高,我们又无法想象那是什么东西,谈论我们会不会喜欢高维形态的生活,那是完全没有意义的事情。

谁有这么大的本事,把这六个数值统统搞得这么精确?治大国如烹小鲜,我们现在明白,造一个无比粗大笨重的宇宙居然也如烹小鲜!我希望这宇宙六数跟神秘的六字大明咒——唵嘛呢叭咪吽——联系起来,可一时半会儿没有找到头绪。我把六字真言的网络百科释义找出来,照录如下,请教于方家。

> 唵　白色之平等性智光
> 　　净除在天道中之骄傲及我执
> 　　断除堕落、变异之苦
>
> 嘛　绿色之成所作智光
> 　　净除阿修罗道中之忌妒
> 　　断除斗争之苦
>
> 呢　黄色之自生本智光
> 　　净除人道中之无明及贪欲
> 　　断除生、老、病、死、贫苦之灾

叭　蓝色之法界体性智光
　　净除畜牲道中愚痴
　　断除闇哑苦

咪　红色之妙观察智光
　　净除饿鬼道中之悭吝
　　断除饥渴苦

吽　黑蓝色之大圆镜智光
　　净除地狱中之瞋恨
　　断除热寒苦

这些,怎么看都只是社会问题,非关物理,暂且作罢。

六个神奇之数,科学家称为"惊喜的宇宙意外",如果我们愿意,还可以开列出比这更长的名单。这有多难呢? 别说这六个数了,仅仅宇宙大爆炸那一瞬间的分寸尺度,就是相当高难度的要求。英国科学家保罗·戴维斯另外作了一个比方说,想要把握好大爆炸的力度,相当于要求你从宇宙这一头,向 200 亿光年之遥(哈勃体积直径)的那一头射箭,要射中一枚 1 英寸的靶,瞄准的精度要求是 10^{60} 分之 1。

这就是物理看世界的特点。我们千万年来生活得好好的,还从来没有发现,那些再也寻常不过的事情竟然如此的来之不易,这个天高地阔的浩大宇宙,竟然是非常难得的稀罕货。按理说,宇宙六数这么邪门儿,我们应该为之惊出一身冷汗才是,但我们总觉得怪怪的——谁稀罕呀。因此,温伯格说,没有科学家就没有科学,这是显然的。没有科学是不是就没有宇宙,这个还真有点不好说。此话细细掂量,意味深长。

巧合中的巧合,奇迹中的奇迹,我们倒是无所谓,可无数天体物理学家却为之焦虑迷惘。你去读他们的书,会发现他们揪住这个问题,长篇累牍地展开纯粹的哲学讨论,动辄就是几十页,都忘了自己是搞物理的。科学家唐·佩奇梳理了各种解释,什么人择原理、强人择原理、弱人择原理,等等,思想都很深刻,在业内影响甚为广泛,但统统都跟物理没有什么直接关系。

这些人择理论不管哪一种,总的意思大致是说,要是没有人类搀和到里面来,这个宇宙本来挺正常的,让人类上下这么打量一番,这宇宙就眼睛不是眼睛、鼻子不是鼻子了,稍微改动一丁点,就是非人的世界!剑桥大学物理学家约翰·波尔金霍恩坚定地认为,宇宙绝对不是"顺便一个什么信手拈来的世界",它是专门为生命而精确调试过的,它肯定是造物主为人类量身定做的。

请允许我调侃一下,这就好比是说地球人抬头望星空,眼尖一点的话也许就应当看到,太空里分明写着一行字:"一切还不都是为了你!"正是由于把这个想透彻了,波尔金霍恩连剑桥大学的职位都不要了,转而做了一名英格兰教会的牧师。这在当代科学史上,是有神论的又一次重要胜利。如果波尔金霍恩从小懂得东方佛法的话,就有可能成为放下科学、立地成佛的范例。

要么是上帝干的,要么是大自然干的。这个问题很严峻。**可能许多人未必知道,我要特别提醒读者注意,TOE 的物理学家们打根儿上并不准备坚持什么有神论、无神论,哪个能解释就信哪个!** 我们的物理学家,之所以没有全部都像波尔金霍恩那样改行当牧师,只不过是因为他们认为,这事儿就算让万能的上帝来做,也是难以想象的艰巨工程,至少非常不经济,甚至非常自虐啊!很难理解,上帝为什么要如此殚精竭虑,为你们这帮不争气的人类,提供如此高难度的优质服务,动机是相当费解、相当可疑的。它要有那个闲工夫,干点别的更有意义的事情行不行?比如,就搞一批天堂,那里没有偷吃苹果的夏娃和出卖师傅的犹大,也不需要照顾过于小气的 Ω 和近乎矫情的 ε。

而现在这个情况,不像是人类因上帝的设计而存在,反过来,倒更像是上帝因人类的选择而存在了。难道不是?

因此,最合理、最有信心的 TOE 答案是:我们的宇宙,不过是亿万宇宙家族成员之一,总有一款适合地球、生命和人类。我们为什么来在这个宇宙啊?——那仅仅因为我们没能成功登陆其他数值不对的宇宙,或者,我们总能有机会碰到一个数值刚好适宜的宇宙,就笑纳了。再说俗气一点,假如你在路边捡到 50 块钱,这没有什么了不起,你干嘛非要探究为什么是你而不是别人捡到,为什么刚好是 50 块而不是 100 块或者 20 块 8 毛。没人能给你解释这个怪事情。

造一个宜居宇宙,我们不必麻烦上帝,不妨就跟龙卷风死磕到底。让 10^{100000} 场龙卷风挨个扫过 10^{100000} 座旧车场,如何?我确信,迟早要搞出一架波音飞机,也许还有它的乘客。这个过程虽然看起来蠢笨透顶,但那又怎样呢,慢慢来不要着急,要知道,宇宙创生之前根本就没有什么时间岁月的概念。而且我们大可放心,没有闲人站在一旁为这么多"失败的"实验喝倒彩、看笑话。如果你仍然对这种接近无限小的概率感到没有把握,那还有一个解决办法:就让这样的龙卷风事件再重复 10^{100000} 遍;或者更多,直到你告饶或者呕吐。

概率,是目前为止尚未受到任何挑战的真理。再说了,更加深刻、同时也更加浅显的道理是:这个天不管地不收的龙卷风,它自个儿扫荡着玩,从来就没有急着要为人类造一个宜居宇宙。我们急个啥?

现在可以更加清晰地看到,多元宇宙理论绝对不是标新立异的科学妄想。马丁·里斯的精确六数摆在那里,若不及时敞开多元宇宙的大门,一定会把 TOE 的物理学家们大批大批地活活憋疯。我们还清晰地看到,多元宇宙对于大众生活来说纯粹是多余的设计,即便最具野心的探险家,也不会向这些多事的科学家提出多元宇宙的旅行咨询,这一点你我都是心知肚明的。那不过是科学家们解释这个疯狂世界的需要。也许可以这样来理解:我们的科学莽撞前行,在已知世界的边缘突遇深渊,窥见巨大虚空无尽黑暗的未知世界之后,惊魂未定的科学家们为了使自己好受一些,设计了这样的伪神话故事。

是的,本质上跟神话故事没有确切差异,再挑明一点说,多元宇宙假说就是一种信仰。这可能是许多人没有认真考虑过的问题。在互联网上,在人们的日常话题中,总有无数迷恋神秘主义的人在批驳无神论的狭隘,或者讥笑无神论的拙劣无知。本书关于宇宙之谜、人类之谜的许多描述,也貌似在跟着他们敦促无神论投降。问题在于:科学,或者以科学为依托的无神论,究竟应该向谁投降?

向上帝投降吗?那上帝又是怎么来的呢?所有宗教都把这种问题视为冒犯,严词拒绝回答。且先不论有神论怎样、无神论怎样,我们难以接受一个不允许追问来历的存在。保罗·戴维斯的《上帝与新物理学》用了厚厚一大本书,深入讨论宇宙的奇迹和设计问题。他深刻地指出,面对这不可思议的一切,你是相信有一个宇宙设计者来得容易些,还是相信多元宇宙假说更容易?这两种假说都能够得到严格的科学验证,但都没有确切的、实证性的感知,因此,终归仍然是一个信仰问题。科学也是信仰,概率也是神奇的造物主,它的手法并不比上帝弱一点点。

戴维斯在他这部著作开篇就声言,并在结尾时再次声言"与宗教相比,科学能为寻找上帝提供一条更为切实的途径"。这是多么发人深省。科学比各种神秘主义的那些胡扯瞎掰要认真负责得多,当然,也清楚明白得多。

所有未能达到六数精确取值的宇宙,要么黯然死去,要么孤寂一生,我们应当向这些没有灵魂的宇宙说抱歉。如果这还有一点矫情的话,那么,我们应当向心智强大的 TOE 科学致敬。**我们的科学,从来都不畏惧任何奥秘,也永远不会在任何奇迹面前精疲力竭地倒下。**

关于宇宙奇迹,本书作者要谈谈自己的立场:

窃以为,我们真正在意的,其实只是我们的灵魂,是我们自恋又自卑、脆弱而强大、既追求物欲也关注哲学的深邃心智,倒不在乎这一幅肉体凡胎必须是今天这个怂样。我本人就经常因为没有一幅明星的脸蛋,而埋怨造物主漫不经心、手法粗糙。再说了,母鸡永远只盯着草丛里的虫子,而我们,有时还要仰望星空,这正是我们视为最可宝贵的东西。如果确保我们的灵魂心智来在世间——当然,我们无法真正讨论要不要灵魂心智的选择——我们完全可以接受宇宙六数放宽一些尺度。

　　龙卷风拼不成波音 747，拼一辆浪漫的大篷车又有何妨。物理法则的调制粗糙一些，也许我们也可以接受别的样子，说不定还是我们梦寐以求的样子。比如，就像漂浮我们左耳边一个宇宙里那样，在那里我们都是一帮善于上天入地的铁甲金刚。又或者像右耳边一个宇宙那样，在那里我们天生是没有阴暗心理的大肚活佛。

2 我们从哪里来

从猴子变来的。

三岁小孩都明白。而且孩子们还有观察论证:怪不得公园里猴子越来越少,大街上人越来越多。

本来,我们这一章要谈的,是感动哲学、迷人至深的宇宙十大疯狂真相之TOP 1:智能生命,我们人类。可是,我好像只是一直在谈论龙卷风造飞机的事情。因为在我看来,我们的 TOE 物理科学似乎没有足够强大的力量来谈论智能生命(呃,不是他们的专业)。对于物理科学来说,这个 TOP 1,就是终极奥秘。

在科学昌明的当今时代,即便最坚定的教徒,也不方便坚持说上帝用泥巴捏了一个男人,然后取下男人一根肋骨做了女人。不甘心人类从猴子变来的人们,转而投靠了远古外星人。意外的是,他们好像在当代基因科技那里发现了新的证据。

你瞧:黑猩猩的染色体数量是多少对? 24 对。人类的染色体数量是多少对? 23 对。是远古外星人改变了猩猩的 DNA,使其进化成远古人类,染色体数从 24 对变成了 23 对。这个才是上帝造人的故事中隐藏的真相。

人类染色体有 22 对是男女相同的,有一对不同,女性是 XX,男性是 XY。看上去 Y 比 X 确实少了那么一截,缺了根骨头么? 肋骨含有丰富的骨髓"干细胞",可以分化成为其他细胞组织器官,甚至个体。就是说,当时上帝取亚当肋骨是为了使用其中的"干细胞"来创造夏娃。

——有点意思呵。不过,你我都明白,这种故事太过文艺。

我们还是要老老实实面对猴子变人的理论,承认人类是低级生命进化而来的。只不过，人类自学成才的进化过程没有什么戏剧情节，达尔文已经说清楚了。学会钻木取火吃上烧烤，学会把吼叫呢喃发展成花言巧语，进度虽慢，水滴石穿，我们只需要比其他种类的猿猴多一点点天赋和运气，就能在上百万年的时间里，把这种差异拉大到霄壤之别。

还有不同意见吗？

有！人类太特殊了，以至于始终有人不大能够接受，作为这个世界的唯一主宰，只不过是比那些肮脏丑陋、没有教养、举止粗鄙的猿猴多了一些运气。我知道，有些读者在看到本节第一句话"从猴子变来的"时，就鄙夷地摔书了。许多人不赞成达尔文物种进化论，认为人类不可能从一个低级品种，突变性跃升为高级品种，宁愿相信有一套新的理论，证明人类是一个出身"高贵"、独立进化的特殊品种。

科幻大片《超体》，主角露西的大脑功能意外开发到 100%，以至于她有能力穿越时空，去拜访另外一个露西，那是科学认定的人类共同的"第一祖母"。电影里，那个露西就是一个不修边幅、不施粉黛、形象相当糟糕的黑猩猩。

老实说，我对达尔文物种进化论没有特殊偏好，它也确有许多可疑之处，但我实在没有找到更加合理的解释。说穿了，这里面有一个隐含的、顽固的"信仰"：人类，应该在造物主或者外星人那里寻找一个有点档次的血统，或稍具诗意的理由。好比我们深爱的钻石，科学非要说它就是碳元素，竟然跟黑不拉叽、一捏就碎的煤渣是一个家族，听着就来气。不过我们必须冷静，至少说到目前为止，所有关于人类起源的神奇故事，都不比可恶的进化论更可靠。

那么我们跳过人类再往前推，生命是怎么来的？

当初，几十亿年前，地球还是一个岩浆翻滚、甲烷弥漫的凶恶世界，后来怎么就有生命了？我们应当注意到，马丁·里斯的六个数只是对物理世界来说的。如果要再考虑智能生命如何产生的问题，就请生命科学加入我们的讨论，那么,"惊喜的宇宙意外"这份名单还要大大拉长。毕竟,智慧生命的存在,无疑是宇宙中最不可思议的奇迹。换句话说,即便我们已经严格按照马丁·里斯的宇宙秘方造出了一个精致的宇宙,那还只是一个铁与火的冷酷世界。要想得到生命,从藻类到细菌,再到毛虫、爬虫、飞禽走兽,直到我们智能生命,事情还早。

> 在木匠眼里,月亮是木头做的。
>
> ——西方谚语

我们现在来品味一则关于还原论(传统物理科学认识世界的锐利武器)的著名笑话。老师带学生走进实验室,指着一排玻璃瓶说,那是一个人的所有组成物质:10 加仑水,7 条肥皂的脂肪,9 000 支铅笔的碳,2 200 根火柴的磷,还有能粉刷两个鸡棚的石灰……最后学生问,那人呢? 老师说,那是哲学家回答的问题。这则故事之所以让人哭笑不得,是因为它试图把我们带回龙卷风袭击之前的废旧车场。而在我们眼里,废旧车场永远是一堆破烂。那么,我们能用这几个瓶瓶罐罐里的东西拼装出一条生命吗? 别说活蹦乱跳的人了,也别说生物学家最喜欢的白鼠、果蝇,就算组装一枚最卑微的细菌如何?

这个事情值得试一试。1953 年,美国芝加哥大学的学者斯坦利·米勒与哈罗德·尤里做了一个试管里制造生命的伟大实验,当然不是试管婴儿。他们模仿地球几十亿年前的原始环境,用水、甲烷、氨和氢等一些绝对没有任何营养价值的、纯化工的原料,准备了一锅"原初汤",然后开动人造闪电,往汤里霹雳喀嚓一通乱砸。过了些日子之后,微生物就从这一锅刺鼻的红汤里爬了出来——呃不,差得远,他们只是得到了一些有机化合物,比如氨基酸之类。这就是应当永垂史册的"米勒–尤里实验",实验结果是令人振奋的。

但是,科学家们很快就沮丧地发现,事情远远没有这么简单,"原初汤"即便熬上几百万年,也不可能熬出生命来。生命的化学基础是 DNA 和 RNA 双螺旋核酸分子,有机化合物要自发地组成这种带有遗传密码的分子,其可能性小得可笑。分子可能的组合方式太多了,偶然碰上一次产生出 DNA 的机会实际上是零。

上帝在一旁冷笑。

人的生命,当然不是用一堆肥皂、铅笔、火柴、石灰搀和矿泉水就能搅拌而成的东西。固执的还原论可以继续坚持这个技术路线,错是谈不上,愚蠢是明摆着的。西方科学早已经学会整体论的思维方式来认知生命,当然,迄今为止,整体论并没有帮助我们找到生命的配伍处方。无论还原论的科学还是整体论的科学,都没有,我说的是没有,找到肥皂、铅笔、火柴、石灰之外的什么东西——比如什么"生命活力""灵魂"——需要注入其中,才能激活生命。科学也没有发现,当那些肥皂、铅笔、火柴、石灰组建的化学体系崩溃(生命死亡)之后,还有什么灵魂之类的东西,可以从血肉之躯里逃逸出来另攀高枝。

就是说,**还原论的失败,整体论的无能,并没有成全任何神迹论的自然胜出。**

DNA 奇迹。

生命的奇迹,主要是 DNA 奇迹。

DNA 奇迹,实际是"复杂"和"组合"的奇迹。

我们应当注意,发现记录生命密码的 DNA 分子结构,堪称 20 世纪最重大的科学发现,因而也是人类有史以来最重大的科学发现之一。地球上的所有生命都有一个共同的祖先,那就是 40 亿年前的一种具有 DNA 结构的原始细菌。这种 DNA 分子结构来历相当可疑,因为它过于精巧,完全不像大自然随手制造的东西。相比之下,我们游山玩水欣赏美景时,常常惊叹的什么大自然的鬼斧神工,其实都算不得什么事情。

DNA 神奇之处在于,它的分子组成并不多,总共 20 来个氨基酸品种,掰着手指头都数得过来,由于有数学暗中帮忙,其双螺旋分子链条的排列组合方式出奇地复杂。DNA 有 4 种碱基——腺嘌呤(代号 A)与胸腺嘧啶(代号 T),鸟膘呤(代号 G)与胞嘧啶(代号 C),4 种碱基之间存在着两两对应的关系。A、T、G、C 四个元素排列组合,材料还是那些材料,变着花样搭配,就会化腐朽为神奇。正是这种复杂,造就了生命的奇迹。没有这种复杂,生命就真的只是一堆肥皂、火柴等化工原料而已。

要实现这样的复杂,放在当今任何一个生命科学家的实验室里,我估计都是轻松的课题,但如果让大自然去瞎碰,就是一件困难得近乎荒唐的事情。有科学家(S. 霍夫曼)计算,蛋白质的所有可能的数目是 10^{260}。如果宇宙利用概率和它拥有的强大规模的基本粒子群来拼装蛋白质,那么,即使它一生除了造蛋白质之外什么都不做,也需要重复 10^{67} 次,才可能造出所有可能的 200 种氨基酸的蛋白质。

有什么样的麻烦,就有什么样的科学。就在发现 DNA 的时代,诺贝尔化学奖获得者普里高津开创"耗散结构"理论,这个理论努力想告诉人们,一锅混沌的"原初汤"在哪些情况下可以一跃出现生命奇迹。它也努力要证明,低级的猴子可能通过基因突变,摇身而变为高级的人类。这为物理摆脱困局提供了一线希望。但耗散结构理论只是提出了一种理解问题的笼统思路,终归还是拿不出硬邦邦的公式和数据来,问题依然令人不安。

第一位发现 DNA 双螺旋分子结构的科学家弗兰西斯·克里克(还有一位是美国科学家詹姆斯·沃森)说:"要我们来判断地球上的生命起源到底是一件罕见的事件,还是一件几乎肯定会发生的事件,这是不可能的……那一系列似乎是不可能的事件,要想给出它的概率似乎是不可能的。"从现在水平的科学认知成果看来,DNA 如此神奇,克里克他们完全有理由严重怀疑,怎么可能靠地球上的霹雳在"原初汤"里炮制出来。

天外来的吗? ——极有可能。

呃,是的。目前的科学较多地倾向于认为,生命,尤其是高级生命物种,不大可能从低级的细菌进化而来,极有可能是彗星光顾地球时播下的种,彗星的冰块正是天然的保鲜包装。不过,对于我们探讨宇宙奥秘的话题来说,这根本就不是一个让人振奋的好消息,麻烦事情只是作了一次等价转化,改为追问彗星的 DNA 链条是谁设计的、谁编织的。

"寒武纪生命大爆发"就是一个令进化论抓狂的案例。距今约 5.3 亿年前,有一个被称为寒武纪的地质历史时期,在短短的 2 000 多万年时间里,我们这个地球突然爆发式地冒出各种各样的动物。可以化石为证,包括各种节肢动物、软体动物、腕足动物和环节动物等。今天我们所见的几乎所有动物,还有许多已经灭绝的物种,温和的、凶猛的、带硬壳的、带尖刺的,长得恶心的、生得帅气的,都在那时整整齐齐地登台亮相了。再往深处挖,地底下却没有更早的动物化石。这么短的时间里,一群细菌,或者像海绵那样由多细胞构成的简单生命体,根本来不及分类、分级进化成如此丰富的动物品种。关于这事儿,大家可以任意发言,许多人都猜是外星人的 DNA 百宝箱掉落在地球了,只不过,在找到百宝箱失主之前,这个话题没有办法继续下去。

我们只能集中精力去琢磨 DNA。解读 DNA 本身,科学已有许多惊人发现。我们,细皮嫩肉的人类,基因构成跟猿猴的差别还不到 10%,要论分子数,甚至还没有一棵芭蕉树多。硬件条件没有明显优势啊,有人觉得这是对人类自尊心的打击,我倒觉得是人类勤奋学习有好报。

还有比 DNA 拼装奇迹更诡异的事情。人类的 DNA 有 23 对染色体、30 亿个碱基对,这些碱基对构成基因。科学家惊讶地发现,其中带有遗传编码的基因,只有区区 2 万~2.5 万个,这些基因所包含的 DNA 序列,大概只有人类基因组序列总长的 2% 左右,就是说约有 98% 的碱基对没有显示出遗传功能。这些"非编码"的 DNA 片段,被称为"垃圾 DNA"。

垃圾之多,严重出乎意料。科学家们打比方说,这就像一部 100 分钟的电视剧,竟被插入 98 分钟的广告,正经节目只有 2 分钟。生命虽然历经世代遗传,却没有丢掉这些垃圾,造物主貌似刻意留了一手。这引发人们的无限遐想:

那是不是外星人蛰伏下来的预留成分啊?难道我们真的是外星人后裔、高度发达文明的弃儿,只不过进化发育受到了某种特殊限制?那些多余的东西要是开发出来,会不会让我们打通任督二脉,甚至长出第三只眼睛或者可折叠式的翅膀啊?——天晓得。

中国新疆曾经出土一副唐代古画《伏羲女娲图》,伏羲、女娲是中国古代神话中的人类始祖。图中,人首蛇身的伏羲、女娲上身相拥,下身蛇尾相交,交合七段,看上去就像 DNA 螺旋结构。图上还勾画着日月星辰。有人认为,这是人类神秘起源的强烈暗示。

人们免不得要大胆猜测。许多人,包括弗兰西斯·克里克这样的科学家,也包括更多非科学家和假科学家都认为,DNA 本身已经很神奇,再加如此巨量的无用 DNA,过于古怪,绝非偶然,大自然做个事情没有理由这么啰里啰嗦,DNA 编码一定是外星文明设计的。合理的想象是,为了防止在世界末日时亡种灭族,高度发达的外星文明将自己的生命密码以最精简的细菌结构打好包,然后散播向宇宙各个角落,以求万世永续。如果真有其事,那应该是他们的"蒲公英计划"。在地球上,外星人把高级 DNA 密码灌输给相对聪明的猴子,借猴子们的肉体代为保管。当然,出于显而易见的原因,外星人留了一手,它们把最主要的基因休眠了。就这区区 2% 的基因,已足够使地球猴子实现突飞猛进的跳跃式进化,从此褪掉黑毛、直起腰杆、君临地球、主宰万物。

谁动了外星人的基因?现在,这些高级猴子们居然发现了外星人的万古秘密,这可叫外星人情何以堪!如果猴子们胆敢把休眠的 DNA 编码激活,后果将会怎样?传说中的孙悟空也是猴子,它会翻筋斗云,还会七十二变,别的猴子就不行,那是不是基因突变、外星人基因意外激活的结果呢?呃,有待好事者深入研究。

读者明鉴,有趣儿的假说而已。揭秘 DNA 真相,解决垃圾 DNA 困境,还是得靠科学。这么说吧,即便真的是外星人播种基因,想激活也好,想灭杀也好,不都还得靠科学来处置吧?总不至于停留在拍案惊奇的幻想故事上,坐等外星人来给个说法啊。

科学就不会只讲故事。新近实施的"DNA 元件百科全书数据库计划"（ENCODE），集中多个国家一大批生命科学家，开展了长达 10 年的研究，不断取得新成果。麻省理工学院-哈佛大学博德研究所主席埃里克·兰德将之比喻成"人类基因组的 Google 地图"。他说，之前的人类基因组计划如同卫星照片，不能告诉你哪里是道路，哪条路一天内的交通情况变化如何，哪里是城市，哪里是医院，哪里有好餐馆。而 ENCODE 计划则能够将这一切都标注在人类的基因组上。2012 年，他们的初步结论是，如果没有那 98 分钟的广告，你就休想看到那 2 分钟的精彩节目。研究者认为，垃圾 DNA 中含有大量微小的基因开关，控制着基因在细胞中的功能。

这个情况有点像宇宙的物理构成，人类认识的不足 4%，另外 96% 以上的东西还是一个谜。我们可以肯定，从发现 DNA 分子结构的那一天起，科学真正翻开了生命奥秘的第一章。此事始于 1990 年，世界多个国家联合实施雄心勃勃的人类基因组计划。这项计划对破解人类遗传密码具有里程碑式的重大意义，因而与曼哈顿原子弹计划、阿波罗登月计划一道，被称为 20 世纪人类自然科学史上三大科学计划。21 世纪初，该计划取得划时代的科学成就，《人类说明书》已经编制了第一个版本。**这意味着——而且这种意味还越来越强烈——人类起源这事儿，也跟上帝没有什么关系。**

2000 年 6 月，美英两国元首在美国白宫举行隆重的成功庆典。人类基因组计划的代表、美国生命科学家克雷格·文特尔《解码生命》一书记载了那个激动人心的时刻。政治家们照例要感谢上帝，科学家们心里有数，他们要为自己的伟大成就而骄傲。文特尔在庆典上也发表了演讲，他说：

> 有人曾经对我说测序人类基因组将有损人性，因为把生命的奥秘暴露无遗。诗人们也争论说基因组测序把世界简化成杀菌与还原，这将剥夺他们的灵感。殊不知事实恰恰相反，组成我们的遗传密码的无生命的化学物质是多么复杂和奇妙，它们将引发人类精神不可估量地升华，这应该可以使诗人和哲学家们感动数千年。

　　总结一下，科学已经接近于搞清楚造物主如何缔造生命，但为什么要制造生命，又为什么造出今天这个样子的生命，大众认为问题还没有解决。窃以为，最新的科学发展正在表明，如果说 TOE 即将透彻认识原子构成的物理宇宙，那么研究灵魂主导的生命宇宙，恐怕才刚刚开始。

　　无论如何，结果是我们运气好，生命有了，人类有了。

3 我们到哪里去

哪儿都不去!

据网络载文说,前些年,美国科普杂志《探索》为纪念它自己的 30 岁生日,推出一篇题为《世界末日 30 大猜想》的文章。这 30 种猜想我们快速浏览一下,并略作评估。

(1)人机融合。这事儿是很现实的严重威胁。后面我们将谈到,按照未来学的一个预言,2045 年,智能机器人崛起,人类的肉体和电脑亲密联盟。我理解,那可能成为智能机器人主宰世界的元年。具体日期也许没有这么早,但早晚也就是一百年左右的事情。

(2)基因改良超人。如果人类学会改写 DNA,科幻电影告诉我们很多细节,那样的后果也是很恐怖的。虽然这种事情令人产生道德惶恐,但科学家普遍相信,人类社会最终极有可能无法阻挡这种恶心事情的发生。那时,除了熊猫,我们肯定还会把"原生态人类"作为天下至宝,严格保护起来。

(3)太空殖民地起义。大概是说太空人有可能要造反,因为地球人在能够想象的千年万年之内,都不大可能远征其他星球并在那里建立殖民地。但说太空工作人员要造反,仍然很扯,他们也不怕被太空总署断水断电?太空人寂寞,精神状态差一点是可能的,不至于扯到起义上去。

(4)外星瘟疫。这没有什么,人类连胰腺炎、糖尿病、艾滋病都治不好,多一种绝症也无所谓。SARS 冠状病毒就被人们广泛地猜测是外星瘟疫,但它的杀人效率还远远不如公路车祸。因此,再来凶一点的病毒,也不大可能灭绝人类。

(5)超级炸弹。不管多么厉害的炸弹,问题只在操作按钮的人那里。

（6）气候控制灾难。气候治理很不容易，但要彻底搞乱以致人类灭绝，那也不容易。

（7）时光旅行。说有人穿越回去改写历史。这个，我觉得无需理会，除非我们真的都是游戏机角色。

（8）奇异物质。反物质之类，破坏性确实相当大，但我们已经知道，这些东西人造成本太高，因此也不必理会。

（9）暗物质作用。几十亿年都没有异动的角色，不理。

（10）太阳异常活动。大不了手机停机、电脑关机、发电站关门。

（11）小行星碰撞地球。挖洞藏起来。

（12）伽马射线暴。这个有可能。一些非常巨大的恒星在燃料耗尽时塌缩爆炸，将会爆发非常强烈、能量惊人的伽马射线，也即所谓超新星爆发，是宇宙中发生的最剧烈的爆炸。一个著名例子是蟹状星云 NGC 1952，它其实是一副超新星爆炸的巨大残骸，它的亮度超过太阳光度的 1 000 倍。如果这事儿发生在太阳系附近，我们必然顷刻完蛋，好在它距离我们约 6 500 光年。还有，1997 年 12 月 14 日发生的一次伽玛暴，距地球 120 亿光年，一刹那照亮宇宙，它在 50 秒内释放出的能量相当于银河系 200 年的总辐射能量。曾经有一次强烈的伽马射线波及地球，冷不防让两个被核威胁绷紧神经的超级大国吓了一跳。今后是否遭遇这个，全看我们的运气。

（13）真空崩溃。跟暗物质作用一样情况不明，不太可能突然发作。

（14）"流氓黑洞"。遭遇概率很小。

（15）巨大的太阳耀斑。可能性很小。

（16）地球磁场反转。可能性很小。

（17）泛布玄武岩火山喷发。死不绝。

（18）全球流行病。死不绝。

（19）全球变暖。死不绝。

（20）生态系统崩溃。死不绝。

（21）生物科技灾难。死不绝。

（22）粒子加速器意外事故。我已经提醒读者提防科学家们的疯狂实验。LHC（欧洲大型强子对撞机）不见得是人类最大的科学实验设备，但一定是最具有不确定性的机器，它最有可能做出人类从未见过的事情。比如，某一次高能粒子对撞，不小心把咱们的宇宙捅出一个窟窿！当然事情还早，以它目前的实力，要捅出这样的洞远非易事。好比有人搬来两箱二踢脚，扬言要把喜马拉雅山脉炸出一个通向印度洋的缺口来，对此，谁惊叫谁就是缺心眼。

（23）纳米科技灾难。死不绝。

（24）环境毒素。死不绝。

（25）全球性战争。小意思，无非原子弹、氢弹爆炸。

（26）机器人取代人类。总还有肉体人要抵抗到底。

（27）人类精神错乱。总还是有正常人要抵抗到底。

（28）外星人入侵地球。一点没商量？何苦赶尽杀绝，关在笼子里做科研也好啊。

（29）神灵信仰干涉。总还有不信邪的吧。

（30）梦境幻灭。原来是大梦一场。关机、散场、回家，我们没有什么遗憾的。

30 种死法！够多了。这些说法未经证实，反正它本来就不见得是什么严肃的科学意见，其中好几项还不知所云，听上去很厉害很糟糕的样子，大致可以看出人们的各种担心所在。加来道雄《超越时空——通过平行宇宙、时间卷曲和第十维度的科学之旅》列举了他预言的几道生死关口：铀障、生态崩溃、新冰川期、天文上近距离相遇、复仇女神和生物灭绝以及太阳和银河系灭亡，等等，其中一些是人祸，但主要是地球、太阳系和宇宙发疯造成的天灾。

《庄子·德充符》说："死生亦大矣。"庄子看破红尘，都还这么重视生死，倒未必是怕死,而是要直面生与死的重大哲学。我们应当严肃对待人类文明终结的问题。人类文明在进化的道路上,肯定会面临许多严峻的门槛,迈不过去就会跌入万劫不复的深渊。马丁·里斯估计,我们逃过这些劫难的概率是一半对一半。

不过我们要注意,死法虽多,死期并不明确,更不是玛雅预言的 2012 年,有些死法显然还非常遥远。作为科学问题来研究还可以,但如果因为看到这么多死法就睡不着觉的话,实在是犯不着,真正是杞人忧天。据说,若有这方面的焦虑,严重者叫"宇宙恐惧症"。我在网贴上随便搜索摘取了一段话:

> 我有宇宙恐惧症,从很多年前就开始经常出现,主要是晚上九点以后,尤其是睡觉时,总是想到人类极度渺小,在宇宙中只是灰尘,什么也算不上,说不定就是别的什么制造的生物用来娱乐,人类和地球只不过是"砰"的一下消失。可人类文明却有很多发展,人们活在现实的人类社会中,只被眼前迷惑。人类总像特殊的至高的,可惜对于整个存在的世界来说根本等于没什么,我说不清楚了,总之我很难受。每当想到此,心悸,猛然的恐惧——从心里深处发出的恐惧,我害怕出现这种情况,可想到的那些都是事实。

人类灭绝,根本不是容易的事情。依我鄙见,这更多是哲学问题。今后,若再有谁重新爆出一个玛雅预言日期,或者广播火星人攻击地球的时候,我们不必惊慌失措,穿着裤衩拖鞋就狼狈开跑。

我想,人类文明的终极命运,大致是以下四部曲。

第一部曲:天要收。

剧烈的天体活动,可能要了人类的小命。

我们地球在这个凶险无情的宇宙里晃荡,已经有数百万年、数千万年平安无事的日子了。这期间,被人从黑暗深空里投掷来的小石子儿袭击过,但都不是致命打劫。也要多亏我们个头小,目标不明显,感谢木星为我们抵挡了不少。

按照这种运势,保守点说再有几十万年的平安是满可以期待的。

当然,这种日子不会永久。如果地球生命真的来源于彗星撞击,天文学家预计,它也可能毁于彗星的再次撞击。这个预言,与太阳系一个神秘而有趣的角色有关。

太阳是我们八大行星温暖家族的母亲。可是,有史以来,有谁打听过父亲吗? 我这么说,亲爱的读者可能会哑然失笑。天文学家推测,太阳很有可能是一个双星系统,要知道这在宇宙里是比较常见的事情,许多恒星都是三三两两相伴相依,不过我们从来没有见过太阳的那位伴侣。太阳的伴星叫"涅墨西斯",大小是木星的 5 倍,估计是一颗并不雄壮甚至比较落魄的褐矮星,一个想当恒星而没成功的失败者。涅墨西斯跟太阳自古就是一对儿,它们相互绕着旋转,绕行轨道是一个巨大椭圆,有时靠近,有时拉远。不同寻常的是,它们相伴而舞的圈子拉得太开了,近日点为 1 光年,远日点为 3 光年。

这真像一个家庭,太阳系之母领着八个孩子在家过日子,太阳系之父、恒星失败者涅墨西斯独自外出谋生、浪迹天涯。天文学家通过计算告诉我们,它在太空里兜一个大圈子回来,每次间隔时间是 2 600 万年。上一次它离家出走是在 1 600 万年之前,那时,地球上还没有人类。

涅墨西斯每次回家,必定搅得全家不得安宁。因为它的引力要影响太阳系外圈的奥尔特星云,我们知道,那里是一个黑黢黢的繁华世界,活跃着大约 1 000 亿颗大大小小的彗星。涅墨西斯一来,大量彗星就像砸了锅似的疯疯癫癫乱窜,总有一些彗星要窜到太阳系内圈,这就大大增加了彗星撞上地球的概率,那可不是好玩的事情。古生物学家戴维·劳普和杰克·塞普考斯基发现,在过去 2.5 亿年的漫长岁月中,地球每隔 2 600 万年会发生一次生物大灭绝事件,迄今已是第 10 次。如果我们画一幅地球物种数目变化图,可以发现地球生命的物种数目,每 2 600 万年呈现为一条陡峭的下降线,就像时钟一样准确。彗星撞击被认为是这些灾难性事件的主要原因。涅墨西斯正是因为这个 2 600 万年的往返周期,成为天文学家严重怀疑的肇事者。

恐龙最早出现在 2.4 亿年前的三叠纪，灭亡于 6 500 万年前的白垩纪生物大灭绝，它们应当多次见过这位更应该被视为丧门星的太阳系之父。不过，由于大傻恐龙没有学会计算彗星轨迹，也不善于挖洞避险，它们未能躲过最后一次见面之劫。奇怪的是，这位太阳系之父大号"涅墨西斯"，竟然是希腊神话中一位复仇女神的名字。谁招惹它了，一来就要复仇？不知天文学家怎么想的。

涅墨西斯给我们的宿命论启示非常深刻。如果这是大自然的安排，我们没有资格、也最好不要去妄加评论。记得 DNA 吗？呃，可能就是这样来的。所以，也别嫌它落魄，它说不定就是地球所有生命的亲生父亲。生命也许是涅墨西斯带来的，某一天它有可能还要收回。从现在起到涅墨西斯回家，大约还有 1 000 多万年时间。时间并不紧迫，即便把我们打回丛林，重新从猿猴进化成人类，都还可以至少来两遍。当然，涅墨西斯下一次回归将会有惊喜发现，人类可不像恐龙那样呆头呆脑坐以待毙，它想要再次把地球生命清零重来，已经不是一件容易的事情。不仅如此，那时我们甚至可以利用新学会的 DNA 知识和克隆技术，让已经被涅墨西斯消灭的恐龙从化石里重新钻出来，满世界奔跑。不信你就等着瞧。

其他天灾，比如太阳异常活动、小行星撞击，等等，目前还没有发现危险迹象，它们不比复仇女神的威胁更严重、更迫切。更多天灾，也都是非常、非常遥远的事情，我们有信心在灾难降临之前，开动新建的太空诺亚方舟，伴随着大气磅礴的《出埃及记》《致新大陆》交响乐，逃离地球和太阳系。

乐观估计，那时我们不仅已经学会星际航行，而且也已学会公正地分配船票。一旦我们真的学会这个，那就可以肯定，除了我们自己，没有任何力量可以阻挡我们与这个宇宙一样，天长地久。

第二部曲：自作死。

人类的自我戕害，可能是最现实的危险。这事儿没有时间表，可能很突然，不会像宇宙做事情那样磨磨蹭蹭，动不动就要千万年。

我们注意到，从人与人抢东西，到部落械斗，再到国家战争，全宇宙没有别的谁,比人类更用心地惦记着要设法毁灭人类。现在,人类终于掌握了足够一举实现这一目标的技术——核武器。我们迟早要学会这个,换句宿命的话来说,我们迟早要遭遇这个。这叫"铀障",一个意味深长的名词。铀,神奇的第 92 号元素,最容易实现质能转换,我们已经懂得如何制造这样的反应,并且已经积累了比几颗大型彗星撞击地球能量更为强大的产品库存。

玩火者必自焚,如果不能及时在政治上找到并切除人类的自戕基因,我们迟早可能要被铀障的门槛绊倒。而这个事情,估计比人类征服天花、黑死病、艾滋病要困难得多。科学家们甚至认为,这个 92 号元素可能是宇宙为所有文明社会安排的毒饵,宇宙各处、各个不同历史时期都会产生智能生命,也都可能在短短的数百万的进化时间里迷恋上它,也都可能不小心就灭绝于它。

人类的自戕兴趣,跟遗传基因一样稳定可靠。To be,or not to be,那可不仅是哈姆雷特的个人问题,也是人类哲学的最根本问题。全宇宙只有智能生命,包括某些外星智能生命,才会纠结乃至去实践这个问题,太阳、星星、月亮不会,泥石、花草、牛羊也不会。因此可以肯定,我们的文明有多厉害,我们自我毁灭的本事就有多大。

铀障当然还不是最严重的门槛,可以预见,我们还会不断学会并制造更多的大规模自杀武器。比如,《世界末日 30 大猜想》提供的方案:利用一个巨大的粒子加速器制造一个小型黑洞。这类怪物的研制,迟早要列入某些国家的国防预算。小型黑洞作为武器是非常厉害的,因而也是非常危险的,如果不小心把它的质量弄大一些,比如超过一座大山的质量,制造工厂就没有任何容器能够存放,它将足够稳定并立即沉入地球内部,从内部消耗地球,直到地球化为乌有。最后只剩下一个地球质量大小、宽约三分之一英寸的黑洞。如此,等等。

不作死,就不会死。这事儿,属于政治家们的责任。

第三部曲:死不成。

如果不作死,我们就将可能永生。

所有科幻都知道,变形金刚、奥特曼和 X 战警主宰世界的机器人时代早晚要到来。机器人没啥好说的,无非高级机器。但是,未来世界之荒诞,恐怕不是机器横行那么简单,机器如果跟人类亲密结合起来,事情就会变得无比诡异。

近年,美国未来学家雷蒙德·库兹韦尔认为,人工智能领域存在一个"奇点"(Singularity)。跨越这个临界点,人工智能将超越人类智慧,人类将与机器融为一体,实现"永生"。这个奇点,是指智能机器人发端的奇点,与宇宙起源的那个奇点有所不同。

库兹韦尔预测,到 2045 年,人工智能可像人类大脑那样,不仅会计算、作曲,更可以驾车、写作、决策、鉴宝甚至社交。如果人的智能能够完全转移到计算机上,那么生命死亡这件万古难事,将变得毫无意义。当人类与他们生产的机器完全融合,从进化的角度来看,这将代表着一个新物种的出现:

奇点人。

为了理解奇点人,我们先来看看数学上一个著名的"秃子悖论"——某人有 10 万根头发,他当然不是秃头。如果他掉了 1 根头发,仍然不是秃头。掉 1 万根呢?你还是不能说他就秃了。继续让他一根一根地减少头发,何时才算秃了?

奇点人就是这个情况。如果一个人安装了假牙义肢,你总不能说他就成了机器人吧?再换一幅人工制造的五脏六腑,大概也不会被视为机器人异化。那么,再在大脑里植入芯片呢?或者反过来,给一个机器人安装血肉、注入情绪呢?如此,等等。我们可以确信,不管你喜欢不喜欢,没有人能够阻挡人类的科技进步,也没有人能够阻挡奇点人的"进化"。泰格马克说:"这件事能发生,几乎毫无疑问。我们的大脑就是一大堆服从物理定律的粒子,任何物理定律都不能阻止粒子以某些可以进行更高级计算的方式进行组合。"

因此,奇点人将在地球上悄无声息地现身,在人类社会中悄无声息地融入。终有一天,我们将惊讶地猛然发现,这世界已经有两种智能物种并存:一个是人类,一个是奇点人。未来社会肯定很乱,因为你很难把奇点人不当人。人类与奇点人之间的物种差异,我敢肯定,将比男人与女人之间的物种差异还要更小和更不容易辨别。绝大多数奇点人,肯定比你身边那些不知趣的朋友和没教养的邻居,更像正常人。

库兹韦尔的推测依据是,人工智能的发展可能非常迅猛。跟 40 年前他在麻省理工学院使用的电脑相比,目前一般的手机大小只有其百万分之一,价格也是百万分之一,但是功能却要强大一千倍以上。再过 40 年,世界会是什么样子? 如果真想明白这一点,你就必须超脱常规想得很远很远,或者,你必须对电脑作出前所未有的深思。我们将逐步学会适应难以想象的、古怪的未来世界。

现在,"奇点人主义"正在秘密崛起。据说,库兹韦尔的奇点人主义已经拥有一所由谷歌公司和美国宇航局支持的奇点大学(Singularity University),领导着谷歌最神秘的部门"Google X",那里正孕育着人类 100 个最狂野的创意题目。这帮疯狂科学家还有一部著作《奇点迫近》——我们不妨把它理解为一部新版的《物种起源》——描绘了一个神奇的未来世界:2045 年,人类能够把自己的思想意识上传到计算机云端,从而创造意识永生的神话。有人评价说,如果预言成真,那将是人类自发明语言以来出现的最重大事件。

2045 年? 似乎也太着急了点,我估计那时的机器人连独自干家务都不行,顶多能够胜任快餐店服务员的工作。据说库兹韦尔本人罹患治不了的严重疾病,他希望加快人类实现永生的步伐。霍金就不相信有这么快,他说,尽管电脑的速度和复杂性每 18 个月就增加 1 倍,但我们现有的电脑比一根蚯蚓的大脑还简单。他对电脑超越人类智慧持疑惑游移的态度。他认为,智能的复杂性和速度可能是矛盾的,我们要么才思敏捷,要么非常智慧,但二者不可兼得。就是说,电脑即便能把百科全书倒背如流,那也只是平庸的"知道分子"而已,它永远做不了才华横溢的艺术家,写不出让人流泪的诗歌。

考虑到我们长期被弱不禁风的肉体困扰,几乎可以肯定,电脑、机器与人的三位一体,就是我们的未来。总有一天,我们的伙伴甚至我们自己,都将成为不避太阳辐射、不怕地震海啸、不会生病和饥渴、不会发呆和犯傻、不会抑郁和殉情、万能而不死的变形金刚。是的,还不需要服用含汞的仙丹,那是秦始皇雄霸天下之后的最大梦想。

可是，To be, or not to be，这个尖刻的哲学大问，又来了。

如果说要不要作死是政治家的事，那么死不成，则极有可能是科学家干的蠢事，意想不到而且不可收拾。虽然要不要死是我们的天赋权利，但当你知道这种选择权利成为绝望的泡影之后，情况同样会变得很严重。恨不得爽快一死，是比怕死还痛苦的事情，当然也是比自我批评、自我糟践更难操作的事情。而且，很没趣。那时，我们再吟诵"前不见古人，后不见来者，念天地之悠悠，独怆然而涕下"的时候，真不知会是什么样的复杂心境！

网络上有一个网名"积极一些上帝爱你"的思想家对此有相当深入的研究。他著有一篇《科学家谈论人类的终结》的雄文，文章说，高度发达的文明是一种令人恶心的僵尸文明。"假如我们不进化，自然界就会杀死我们，假如我们进化，高级文明就会自我毁灭，这种悖论是无解的。"因此我们不可能走向绝圣弃智的陶渊明路线，肯定要走向高度发达文明。假如生物生命体达到了人工智能变形金刚的文明，自然界就是沉寂的森林，自我毁灭或者长时间冬眠，是他们必然要做的事，变形金刚、太空僵尸就是我们的终极命运。

温伯格看见宇宙最初三分钟，然后说：宇宙愈可理解，也就愈索然无味。我们这位网络思想家看见宇宙最后三分钟，然后说：人会死，宇宙会死，进化有也有终点的，当我们对世界认识越深刻，这世界就越索然无味。他还引用物理学家克劳斯和斯塔克曼的话："可以把永生定义为永远不丢失信息，永远不丢弃信息的这项条件意味着智慧生命永远不能忘记任何东西。最终，一个不能丢弃记忆的智慧生命会发现自己一遍又一遍地生活在过去的记忆之中。"这样的"永恒"，实际就是一座令人绝望的监狱。我理解，可以因此作出推断：今后，说不定会有一些残留着热血人性的人，要为争夺"关机权"而战，大动干戈，只为一死。

在遥远的未来，我们业已高度智能化、钢铁化的生命，将因为不堪忍受神仙式的无聊，而决定集体进入休眠待机状态。激活期限设为 500 亿年——比如的话。

第四部曲:出宇宙。

宇宙,总有一天横竖要灭亡。那时,不想死也死不成的我们,应当收拾包袱走人。

美国科学家弗里曼·戴森和加来道雄等人,认真地研究了人类文明永垂不朽的课题。他们认为,如果某一天我们的宇宙面临毁灭,我们的文明不能坐以待毙,应当顽强抗争。从目前的认知水平来看,通过虫洞逃离到其他宇宙,可能是人类文明自我拯救的最后希望。为此,这些最具战略眼光的科学家坚定地展开没有极限的科幻大设计。

大出宇宙,科学家的战略思想是,几百万年乃至几十亿年之后,我们应该有能力利用先进的 DNA 工程、纳米技术和机器人技术,把我们的意识与机器人结合起来,让机器人携带我们的文明突破严酷的虫洞,去“另一边”再造我们的种群,就像蒲公英跨宇宙播撒种子。就是说,我们将勇敢地放弃肉体,让我们的精神和文明成果永续万世。

目前,唯一没有信心的还是虫洞。困难问题倒不在于虫洞对于肉体的严酷,而是那个小眼儿有可能无法扩大到足够尺寸。我们已经知道,虫洞的大小估计在普朗克尺度范畴,而扩撑虫洞需要大得不得了的能量。如果虫洞只能搞到原子尺度,机器人过不去,怎么办? 科学家认为,反正肉体都不要了,我们也不会在乎分解得再碎一些,可以通过纳米管传送文明信息。虫洞再小一点呢? 小到亚原子粒子也不怕,还可以设法把携带信息的原子核送过去,在另一边捕获电子,把自己再造成原子和分子。如果还小,也许可以利用小波长的 X 射线或伽马射线做成的激光束传送信息,向另一边发出再造文明的指示。

顽强至极呵,真有点令人心惊肉跳的感觉。

这个有多奇特呢? 打个不恰当的比方说吧:对于困在荒岛上一无所有的人们,你无需向他们空投任何救济品,理论上只需打一番旗语,他们就可以根据这些信息,凭空制造出鲜嫩的牛肉、醇香的红酒,甚至把那座该死的荒岛改造为繁

荣的度假胜地。——呃,不,比这还要邪门得多,在这个比方里,岛上一开始连人都没有。加来道雄说:

> 一旦纳米机器人找到了新的行星,就可以把它设计成能够建立大型工厂,利用新行星上已有的原材料复制自己,开始建造一个大型的克隆实验室。所需的 DNA 序列可以在这个实验室中生产,然后注入细胞中,开始再造全部有机体乃至全部种群的过程。这些实验室中的细胞然后直接被培养成成年个体,并把原来那个人的记忆和个性放置到它的大脑中。

想想看,一个小小的卵细胞就足以造就一个智慧生命,那么同样地,搭载 1024 比特文明信息的"宇宙卵",也可以设法穿越虫洞,在另外一个世界再造一个先进文明。

好一出辉煌灿烂、可歌可泣的科幻大剧!

■ 小结

总之,请人容易送人难。结论是:我们未必清楚自己到底从哪里来的,但我们可以确定,我们已经习惯并喜欢这样子,哪儿都不去,就在这个宇宙呆着,永远呆着。玛雅预言 2012 年的世界末日,至少把数字弄错了,后面少了个零,或者更多。

不要急,我们还有时间专注地仰望星空,少说一万年。

第 9 章

寒冷深空

要么我们就是孤独存在于宇宙中，要么我们就不是。

哪个都让人害怕。

——亚瑟·C.克拉克

1 外星文明物语

这个宇宙还有谁，会无缘无故地想入非非、仰望星空？

外星人有没有？

听，太空深处的尖叫——哇！

智能生命，在这个宇宙里真的有——正如你我通过对镜凝视、反省内心已经确认的那样。既然已经有了一份，就完全可能有更多。当我们知道，地球并非宇宙中心，只不过是浩瀚星河里一颗普通的星星，打那之后，这种好奇疑问就再也不会打消了，一天也不会。

20世纪60年代，人类开始兴致勃勃地寻找天外邻居，搜寻地外文明计划（SETI）就是这样一个严肃的科学项目。

找到外星人了吗？没有。

仅有一项成果值得永载史册。1977年，SETI使用的巨耳无线电望远镜收到了著名的Wow！信号，这是一段长达72秒的非常强的无线电信号，来自200光年之外的人马座。这声诡异尖叫，在人类接收的海量宇宙信息中是那么的清晰，引起我们一叠连声的尖叫。

那是外星人发现我们之后的惊呼吗？为何又沉默了？

后来，更好的方案、更多的设备、更强的力量投入到SETI，以及类似的宇宙邻居搜寻计划中来。1999—2005年，美国加州大学伯克利分校的空间科学实验室启动SETI @ home计划，即所谓"在家搜索地外文明"计划。项目组使用位于波多黎各岛阿雷西波射电望远镜搜集信息，那是一个口径达305米的碟形望远镜，搜寻距地球100光年以内的太空范围。这个望远镜非常强大，我们的手机跑到乡下就打不通了，而这个地球上的家伙，居然还处于木星的手机信号服务区。望远镜采集到的海量信息分成一个个小数据包,发送到互联网上。参与计划的志愿者下载这些数据到各自的家用电脑,以运行屏幕保护或者后台程序方式进行数据分析。地球上先后有 500 多万台个人电脑参与了这项计划,仿佛整个星球都在为之紧张工作。如果牛郎织女在煲电话粥,我们应当听见了。

可是,五十多年过去了,除了那声莫名其妙的尖叫,我们几乎一无所获,每一台宇宙无线电信号接收器,永远是没有节目的雪花屏。怎么回事,难道是在听到"哇!"的尖叫后,昔日喧嚣闹腾的星星们突然一起闭嘴噤声了? ——别介啊!

现在,手扶强大的望远镜,我们内心深处的狐疑惊惧却跟几千、几万年前一样,实际上更加强烈了。加来道雄写出一段无限感慨的话:

> 人类大脑有可能是大自然在太阳系中,乃至远达最近的恒星范围内所创造的最为复杂的物体。当我们审视拍自火星或金星的逼真照片,它们的大地上了无生机,完全不存在城市及灯火,连构成生命的基本的复杂有机化学物质都没有,我们受到震慑。深邃的太空中无数的世界空无生命,更不用提智慧生命了。这应该令我们认识到生命是多么脆弱,它能够在地球上生机勃勃又是怎样一种奇迹。

到底有没有第二颗我们这样的蓝色地球? 有没有像我们这样仰望星空的外星人? 这是一个令人无限彷徨纠结的问题。一方面,地球环境如此精致,智能生命如此奇特,我们很难接受别的任何地方还能重现。然而另一方面,宇宙如此浩瀚,我们更难接受地球和人类竟然真的很孤单。到目前,我们仍然是什么都不知道,唯一知道的是数量很特殊:宇宙非常大,星星非常多。概率,这个细想起来令人心惊的数学幽灵,强迫我们相信外星文明必然存在。

就在 SETI 计划启动的同一时代,地外文明搜索专家、康奈尔大学科学家弗兰克·德雷克为了使这个问题稍微清晰一些,发明了著名的德雷克公式,一个不算公式的公式:

$$N = N_g \times f_p \times n_e \times f_e \times f_i \times f_c \times f_L。$$

公式的意思是：银河系内可能与我们通信的文明数量（N）= 银河系内恒星数目（N_g）×恒星有行星的比例（f_p）×每个行星系中类地行星数目（n_e）×有生命进化可居住行星比例（f_e）×演化出高智生物的概率（f_i）×高智生命能够进行通信的概率（f_c）×科技文明持续时间在行星生命周期中占的比例（f_L）。

德雷克公式各个变量一步一步大幅度缩小，在银河系海量恒星数目的支撑下，地外文明存在概率仍然令人振奋。根据公式，美国天文学家卡尔·萨根估计，银河系中存在的文明大概有 100 万个。德雷克本人的估计数是大约 10 万个。也有最保守的估计：不足 1 个。

德雷克公式靠不靠谱呢？有好事者作了一些实际应用。2009 年，英国的大学教师彼得·巴克斯用这个公式来做实验，但他不是拿来找外星人，而是找女朋友。单身汉巴克斯时年 30 岁，他的择偶范围是年龄在 24 岁至 34 岁之间、居住在伦敦的单身女性。根据公式计算，全英国 3 000 万名女性中只有 26 人可能成为他的女朋友。巴克斯在计算时还增加了另外 3 个变量：只有 1/20 的女性会对他有好感，只有一半女性是单身，他只能和其中的 1/10 相处融洽。巴克斯发表论文《为何我没有女朋友》，公布他的最终计算结果，他找到女朋友的概率令人心灰意冷：0.000 003 4%，约 30 万分之 1。

好在，这个公式只是适用于银河系寻找外星人的概率公式。有科学家提醒说：杯子里没鱼，我们仔细看清楚了，可是，大海里也没有鱼吗？是，如果在整个可见宇宙中估算寻找，就需要把德雷克公式最保守、再保守的计算结果放大 1 400 亿倍。卡尔·萨根在《宇宙的边疆》中说："在这样庞大的数量里，难道只有一个普通的恒星——太阳——是被有人居住的行星伴随着吗？为什么我们这些隐藏在宇宙中某个被遗忘角落里的人类就这样幸运呢？我认为，宇宙里很可能到处都充满着生命，只是我们人类尚未发现而已。"老实说，我本人从来就不相信，在这个本身就要靠撞大运才碰得到的宇宙中，像智能生命这样的古怪东西还能够遇到第二次。经过再三品味 1 400 亿倍的含义，参考"林子大了什么鸟儿都有"的民谣,我决定修改自己的看法。

而且还要考虑一个非常实际的问题:在远方,在我们身边,还有那么多、多到数不清的平行宇宙。在是否适合智能生命生存发展的问题上,我们的宇宙,除了确实有一颗叫地球的小行星已经有了一份之外,未必有更多特殊的优势。举头三尺有神明——这话改一改,可能,有外宇宙人就在我们头顶看着呢。

那么,恼人的问题马上又回来了:如何找到并联系上他们?

按照卡尔·萨根的乐观计算,银河系里有 100 万颗智能生命的星球。那么,即使这 100 万颗行星均匀地分布在银河系中,最近一颗星星离地球也有 500 光年。要知道,光速是这个宇宙的最高限速,一切信号传递也在这个限度之内。就是说我们要与最近的邻居以光速打招呼,一应一答最快需要 1 000 年。以我们目前的科技水平,要想联系上外星人,明摆着就是一件不可能的事情。至于在银河系之外联系外星人,更是离谱到没边儿。现在明白,第 3 章我们见识的宇宙浩大尺度,给我们带来多大的困难。有人说,这是上帝刻意实施的隔绝行为。上帝造就了人类,未经审判,就把人类流放到永远无法逃出去的荒野,孤独万年。

除了令人绝望的空间障碍,还要考虑到,宇宙星际文明进化程度的严重不平衡可能对星际文明交流构成时间障碍,还可能存在不同文明交流的技术障碍。

(1)有的智能生命可能还在大兴土木修建自己的金字塔,再逊一点的,甚至穿着兽皮裙子蹲在山洞里吃生肉,还需要千年、万年甚至几十万年时间才能学会摆弄无线电。

(2)有的可能没有控制好核军备竞赛,多年前就已经完蛋了。科学家们认为出现这种情况的可能性还比较大,说不定今后我们好不容易收到外星信号,却发现只有"救命"二字。

(3)还有的可能正在使用非常先进的通信方式在呼叫,比如,许多外星信号就掺杂在电视雪花屏的麻点点里,就像网络上通过种子方式上传下载文件,需要接收方解压缩和拼接,而我们浑然不觉。咦,说到这里,我倒是想提醒那些对天空图案有特殊敏感的星相家们,远方星星的各种 style 和 pose,都读懂了吗? 别尽往地球人的官运、财运、桃花运方面联系,看看是不是在呼叫我们!

当然,有的也许已经驾着 UFO 出门寻找伙伴,但跑错了方向。德雷克公式很难把这几种情况的概率弄清楚。总之,寻找外星人这事儿,着急了不行。这也是为什么 SETI 和 SETI @ home 计划都先后停掉的原因。

但我们永远不会放弃努力。20 世纪 70 年代,人类向宇宙深处发射"旅行者"1 号、2 号两艘飞船,它们一个重要使命,就是为人类找到邻居。飞船搭载"地球之音"唱片,刻录有 60 种语言的问候语、113 幅描绘地球风土人情的编码图片、35 种地球自然音响、27 种世界名曲,沿途向全宇宙广播。唱片还载有美国总统卡特签署的电文,抄录如下,供读者品味:

> 这是一个来自遥远的小小星球的礼物。它是我们的声音、科学、形象、音乐、思想和感情的缩影。我们正在努力使我们的时代幸存下来,使你们能了解我们生活的情况。我们期望有朝一日解决我们面临的问题,以便加入到银河系的文明大家庭。这个地球之音是为了在这个辽阔而令人敬畏的宇宙中寄予我们的希望、我们的决心和我们对遥远世界的良好祝愿。

唱片充分考虑了人类文化的多样性,除了有美国总统的官方邀请,还有中国福建市民、一个家庭主妇的亲切邀请:

> 太空朋友,你们晚餐吃过了吗? 有空来这儿玩玩。

不妨设想,跟我们猜拳行令、喝酒聊天,未必不是外星人期待的新奇体验。在我们看来,这跟几十年前那一声"WOW!"的惊呼,以及随后心怀鬼胎的沉默比起来,要文明而且善良得多。

不过这件事多半是自我宽慰行为,我们的技术跟我们希望达成的目标比起来,原始到可笑。我们给外星人发送"地球之音"唱片,希望有多大呢? 这么说吧,好比蚂蚁在一颗草叶上签了名,然后扔进小溪里,指望草叶漂流到大海,最终被太平洋彼岸的另外一只蚂蚁捡到。实际情况比这个还惨。再说了,外星人要是都捡到这张唱片了,考虑一下星际距离,实际已经抵达我们后院花园,就差抬手摁门铃了。

"地球之音"唱片保质期为 10 亿年,姑且让它浪漫地飘着吧。

我们还要想到,虽然它找不到外星人,但它还有另外一个伟大的意义:今后,一旦地球意外毁灭,人类灭绝了,那将是这个宇宙曾经繁育过一个文明社会的考古证据。

外星人有多强?

我们强吗?从树上荡来荡去的猴子,到体面地扎起领带,在高楼大厦里进进出出的人类,进化时间为 200 万~400 万年。这在宇宙历史上,是非常短暂的一幕。无数的其他星球,可能早已孕育了大量智能生命。还应当注意到,文明的进化速度越到后面越是呈几何级数增长。比如我们人类,顶多不过是在 0.5万年之前才学会写字,那时我们这样一本小书刻在竹片上需要一驾大马车来拉,可现在我们已经学会把整座图书馆的文字,刻到一块指甲那么大的芯片上。

科学家估算,第二次世界大战以来,人类积累的知识比此前几百万年进化过程中所积累的全部知识还要多,我们的知识总量大约每 10 到 20 年就要翻一番。那么想想看,再给我们 1 万年进化时间,人类文明将会怎样?别说 1 万年了,就在不久的 2045 年,我们就可能进入奇点人时代,就快要变形金刚满街走了。这是连伟大的科学家开尔文都没能理解的速度,仅仅在 100 年前他还作出三项断言:无线电没有未来,比空气更重的飞行器是不可能实现的,X 射线将被证明是一场骗局。由此可以想见,先进的外星文明完全可能已经达到我们做梦也想不到的发达程度。

想象不到,就只能留给新时代的凡尔纳们自由发挥。科学家现在关注的问题是,高度发达的外星文明,可能对人类是一种严重威胁。外星人的强大,可能通过对我们的伤害和劫掠表现出来。

霍金认为，外星人可能有，而且可能很强，但最好别招惹他们。大科学家的警告，对我们的好奇心和好客文化是一个小小打击。霍金他们的理由是，就像所有高级动物总是掠食性动物那样，更加先进的文明一定是更具掠夺性的文明。他们是虎狼，我们是牛羊。而且，他们一定是能量消耗大户，他们如果在太空游荡，不见得就是单纯为了观光旅游，也肯定不是为了给他们的先进飞船打开宇宙市场，而极有可能是为了解决能量危机。

霍金说："我想他们其中有的已将本星球上的资源消耗殆尽，可能生活在巨大的太空船上。""这些高级外星人可能成为游牧民族，企图征服并向所有他们可以到达的星球殖民。""如果外星人拜访我们，我认为结果可能与克里斯托弗·哥伦布当年踏足美洲大陆类似。那对当地印第安人来说不是什么好事。"我们理解这话的意思是不是在说，那些驾着星际大篷车、四处寻找电源插座的外星吉普赛人如果真的来了，我们将不得不为保卫地球和太阳而战。

是，我们必须考虑到，文明进化程度的不一致很可能是一个严重问题。我们自己对低级生物，即便是在新大陆发现的新奇物种，会有太多客气和怜悯吗？我们踩死蚂蚁的时候，有没有认真考虑先去求见它们的酋长、听懂它们的语言、明白它们的哲学？出家人不踩蚂蚁，但我们无法指望外星人都皈依了我佛，这个道理是明摆着的，我地球两千多年的历史证明，善良的佛门信徒愿意在读经之余还致力于发展星际旅行科技的，不多。

实际上，在科幻电影大片里，外星人都是酷爱玩弄各种先进武器的战斗狂。它们仿佛永远只有两件重要的事情：飞行和攻击。我们警惕外星人的道德品行，比研究它们的科技能力和哲学思想更多一些。科学家在这个问题上，跟科幻电影导演是一致的。

不过，对霍金的假说，至少是关于外星人能量危机的猜测，人们有不同看法。1964年，苏联天文学家尼古拉·卡尔达舍夫依据宇宙普适的热力学定律，按照能量开发能力差异提出地外文明等级理论。如果这个理论确有道理，那么外星人要跟我们争夺能源的说法就大有可疑。我们应当注意,以驾驭能量的能力区分文明进化程度,是非常深刻的思想。**一切都是浮云,能量才是根本。**卡尔达舍夫提出,外星文明等级分为三类:

I 类,掌控一颗行星能量的文明级。我们这颗行星就有很强的能量,比如地震海啸、雷电霹雳,以及海洋能量,都是比较现成的。麻省理工学院的莫舍·阿勒马洛说:"一些人有时候根本无法了解飓风的级别,或称能量。飓风的能量至少跟全世界所有发电厂产生的能量总和一样多。"在全球所有火山口上都架起锅炉,能量供应肯定是相当可观的。如果我们对地球五大洲格局还算满意,对板块调整没有特别兴趣的话,还可以考虑提取地震的能量来驱动我们的发电机。

II 类,掌控一颗恒星能量的文明级。太阳系质量的 99.87% 都集中在太阳身上,而且它几十亿年来时时刻刻都在进行大规模、高强度的核聚变反应,每秒辐射到太空的热量相当于一亿亿吨煤炭的热量总和。行星的能量都来自恒星,但每颗行星获得有效注入的能量只是很少部分,各行星只接收了太阳辐射总能量的大约 1/109。目前我们最先进的手段,只是在飞船卫星上展开几块小小的太阳能板。这显然还差得相当相当远。如果有一天我们本事够大,可以首先考虑把高压输电电线连接到人马座 α 星上,好处在于,即便把它消耗成一撮焦炭,也不会有人出面抵制。

III 类,掌控一个星系能量的文明级。这个想起来过于离谱,咱们现在没有必要去浪费心思,反正是相当相当厉害了。

我们的文明?——还在 0 类,准确地说是 0.7 类。我们长期靠拾柴火、晒牛粪、挖煤炭解决能量供应,后来发现了石油天然气,只是最近几十年时间里,才学会了开发铀元素的核能量。至于地球免费赠送的飓风海啸,对我们来说还是负能量,因为它不仅不能为我们点燃灯泡,还要摧毁我们的电站。

虽然我们还没有搞定地球的能量,但早在半个世纪以前,就已经有科学家在认真考虑开发恒星的能量。1960 年,弗里曼·戴森提出一个新颖理念:在太阳系外围建一个壳,充分地拦截收集太阳辐射的能量,有点太阳系温室大棚的意思。这就是著名的"戴森球"。简单想一想就可知,这种工程的技术难度是非常不可思议的。但这个超级战略思路,理论上并无明显不妥之处。后来,不断有人在按照这个路线深入下去,提出了戴森云、戴森壳、戴森泡、戴森网,等等概念,技术可行性有所发展。窃以为,相比而言,还是在太阳上搭一根高压输电线容易一些。不过,戴森球理念有另外一个功能:我们虽然做不到,但可以按照这个思路在太空里寻找已经做到的外星文明。如果我们某一天在遥远太空发现这种怪球,就可以立刻断定,那里有很厉害的外星文明。

各类文明之间的级差为 100 亿倍,但先进文明开发能量的能力很有可能会呈几何级数增长。参考地球各国经济增长速度,加来道雄估计,我们需要大约 100 ~ 200 年的时间达到 I 类文明程度,这只是弹指一挥间的事情,指日可待。达到 II 类文明需要 5 000 ~ 10 000 年,达到 III 类文明则需要 10 万 ~ 100 万年。

祝愿我们人类文明万寿无疆。

反过来看,外星文明发达程度如果领先我们几十万年——那应当是再平常不过的事情,领先若干亿年都很正常——他们就能驾驭一个星系的能量,可以想象,那是何等的强大。因此也可以推测并与霍金商量:**面临整个星系数以千亿计无人使用、长期空转的恒星,他们何苦朝我们这颗太阳打主意!** 真要到了眼馋我们这颗小小太阳的地步,他们的生存状况该得是怎样的悲催?我们更没有必要紧紧捂住油井,他们的 UFO 发动机如果要靠偷窃地球上的石油天然气来驱动,作案后想逃离太阳系都难于登天。除非他们足够强大,打算把整个银河系回炉炼钢。当然,那样的话,你一颗迷你行星上的卑微生命对他们是招惹还是谄媚,恐怕也没有什么区别了。

明显地,有能力派 UFO 光顾地球的,文明程度一定非同凡响,那绝对是我们现阶段根本无法想象地强大。如果清醒地考虑,我们的飞行和通信技术在星际空间如何的无能,就更加可见一斑。

至少,光速肯定不是他们出门旅行的障碍。

该死的光速,扑灭了我们多少梦想! 当代理论物理最死硬、最讨厌、最蛮不讲理、最令人失望的东西,就是这个光速限制。不管是硬来还是取巧,外星人的飞船肯定不会像我们的"旅行者"飞船那样慢慢吞吞地、绝望地飞。否则,可以断定外星人永远无法访问地球,我们根本没有必要在这个问题上浪费精力。

那么,能够到访地球而又只是驾驶龟速飞船的,会不会是背井离乡、四海飘零、世世代代生活在旅途中的筋疲力尽的太空游牧民族? 不大像。这跟空间站养活几个人不一样,一个族群能够在太空旅行中活下来,还能飘到我们这个角落来,仍然是不好设想的强者。所以,我们应当合理推断,先进的外星人肯定不是以低于光速的宇宙常规速度来旅行,他们完全有可能通过以下几种特殊方法来绕过光速障碍。

(1)拖曳时空,移形换影,飘然而至。

(2)穿越虫洞,咔嚓一声突然出现在我们面前。

(3)突破时空维度制约,从高维空间渗透到我们的三维世界。

窃以为,第三种情况值得期待,可能最难找到的外星人,就近在咫尺。如果他们对人类好奇的话,他们应该主动想法解决跨维度旅行难题。对于他们来说,我们这种低维形态的智能生命虽然可怜又可笑,但在遍布火球、岩石、甲烷的荒野宇宙中,我们这种多愁善感、满腹小心眼儿、懂一点数学和超时空结构的肉质活物,毕竟还是很有趣儿的东西,值得他们近距离围观和亲自接触。

突破光速、穿越时空——而非那些炫酷的杀人利器和古怪的政治制度——可能是我们需要向外星人学习的最重要的东西,那将引领我们的文明实现一个巨大跃进。今后邂逅外星人,第一个问题应当是:

咦,你们怎么飞来的?

外星人有多怪?

要多怪有多怪,肯定的。

前面,我们探讨外星人的文明程度应该如何如何强大,但奇怪的问题立刻就逼近我们面前:我们的科技发展历史才区区几千年,就已经学会开出飞船登上月球,那些外星人领先我们百万年、千万年、亿万年,科技应该相当了得,可怎么还没找到我们呢,怎么太空里连一段像样点的无线电信号都没有呢?——这就是著名的"费米悖论"。1950年的一天,物理学家费米在和别人讨论飞碟和外星人问题时,突然冒出一句:"他们都在哪儿呢?"大家都楞了,真有点一语惊醒梦中人的意思,是不是。

费米悖论令我们不安地意识到,外星人问题不简单。我们需要认真梳理一下,麻烦到底出在哪里。有下面三种可能:

其一,外星人太逊。

从科学的眼光看,生命并没有表现出必须不断进化、日渐聪明的特殊理由,宇宙中也许有不少生命,但他们非常不见得会热衷于发展智能。霍金除了警告我们外星人可能很坏之外,也提出一个让人放心的猜想,即我们不大可能找到圣文神武的变形金刚,倒很有可能找到一些满地乱爬的低级生命。他说:"细菌虽然没有智慧,但是存活得很好。如果我们所谓的智慧在一场核战争中毁灭自身的话,细菌仍然存活。"从哲学的眼光看,智慧生命有什么了不得呢?奉行绝圣弃智的老庄哲学,无忧无虑、世世代代当虫子不是也挺好吗。"子非虫子,焉知虫子之乐也。"坚持做细菌或虫子,至少可以免于极度恶心而求死不得的尴尬。

其二,外星人太强。

极度发达的外星人可能根本没有兴趣搭理我们。美国生命科学家乔治·瓦尔德认为:"或许他们经过数亿年的进化,早已放弃了单调乏味而又多变的生物进化,而且得到了生命新的存在形式,这种生命可能已经不朽。我们和他们的差距就好像变形虫和我们的差距。""我不再因为担心早上醒来会发现有外星人母舰悬停在华盛顿特区上空而夙夜难寐。"这就是所谓的"异类心理障碍",鸡同鸭讲,既没语言,也没兴趣。人类对自己前景的预测是,我们越发达就极有可能越无聊,玩弄低级生命既不会增加我们的知识,也不会增加我们的快乐。

其三,外星人太阴。

刘慈欣著名科幻小说《三体》提出"黑暗森林法则"。仔细一看,就是"丛林法则"(jungle rule)的宇宙版,或者武林争霸的江湖版。大概意思是说,宇宙之大,容不下两个以上异类文明的共存,不同的文明由于完全不能确知各自的发达程度和恶意程度,出于博弈的考虑,无法避免你死我活的斗争,因此必须互相防范,隐蔽自己,小心暗箭飞镖。

> 宇宙就是一座黑暗森林,每个文明都是带枪的猎人,像幽灵般潜行于林间,轻轻拨开挡路的树枝,竭力不让脚步发出一点儿声音,连呼吸都小心翼翼,他必须小心,因为林中到处都有与他一样潜行的猎人。如果他发现了别的生命,不管是不是猎人,不管是天使还是魔鬼,不管是娇嫩的婴儿还是步履蹒跚的老人,也不管是天仙般的少女还是天神般的男神,能做的只有一件事:开枪消灭之。在这片森林中,他人就是地狱,就是永恒的威胁,任何暴露自己存在的生命都将很快被消灭。

黑暗森林法则跟霍金的警告,意思很接近,也都很哲学。可疑的是,不同文明超远程相遇,在都还不了解对方的时候,难道就知道有什么东西是大家共同需要的稀缺资源,非得要立刻进行严重的死活争夺? 这好比是宇宙《三岔口》戏曲桥段,不管三七二十一摸黑就开打,乱砍一通再说——脾气也太大了。窃以为,这个说法戏剧性、娱乐性强了点,而且有点敝帚自珍式的矫情。你看看头顶的广阔天空和璀璨繁星,宇宙啊,它看起来没有这么小气。我们先前几十万年都没有发现石油是宝贝,设想一支石油开采队穿越到古代,从地下深处挖出这种黑乎乎、黏糊糊、臭烘烘的东西带走,古代的政府会把他们当作可恶的窃贼吗? 因此也可以推断,地球上肯定还有什么东西是宝贵资源而我们并不知道,说句不负责任的话:谁爱要,谁拿去好了。

我是不大想得明白,阴险的外星人到底能有什么危险企图和阴谋。——抢"奋进号"太空飞船吗? 那破玩意儿能飞多远,它连静止悬空这种基本功夫都不会。——抢食物？何以见得外星人跟我们的食谱就肯定一样呢，他们不担心转基因？再说了，我们会跟楼下的流浪猫争夺一只老鼠吗？——稀罕我们的黄金？也不靠谱，中国大妈都套牢了，宇宙显然更不需要这种重金属元素充当星际硬通货。——钻石？那也只是我们地球人觉得稀罕，科学最近发现，太空里就有整颗整颗的钻石星球，但那种地方想建一座地下车库都困难重重，你把它占领了还不得饿死！何况，我们也根本没有那么快的货运飞船能去搬运战利品。——那么，他们喜欢吸人魂魄？那真是遇到鬼了。

就算真的危险吧，地球人应当把自己藏起来。那么，我们还要考虑一个非常现实的问题:你想藏就藏得住吗？一个人趴在草丛里就说他藏住了自己，狗就笑了;电子邮件加了密就以为没有人知道，斯诺登就笑了……难道我们必须关闭全球的无线电和 WiFi？核电站还让不让开，微波炉还让不让用？进一步说，如何对全人类实施无线电静默管制？又如何防范一些反人类反社会的家伙出卖我们？须知，我们这个叫"人类"的族群从来就不乏叛徒败类。我在想，那个曾经冒冒失失地向地球发出"Wow!"尖叫信号的外星人，不知后来受到了何种严厉惩罚。

我觉得，无需统计，科幻作家和科学家肯定多数都是男人。当初，在人类穿兽皮裙的丛林时代，他们对另外一片未知的丛林就总是这样焦虑紧张。现在，他们喜欢把这个宇宙描述成一个危机四伏、很不友好的环境，少不得要打打杀杀，你死我活，也在情理之中。如果是女人来搞科幻和宇宙学，外星人的模样和脾气，必然要以芭比娃娃而不是硬汉兰博为主要参考模型，科幻应该更多是错综复杂的爱情故事，而不是枪弹横飞的星际战争。

霍金用印第安人的历史悲剧来警示我们，究竟如何，我们不妨考察一下感恩节的来历。1620 年，欧洲 102 个穷途末路的清教徒乘坐"五月花号"轮船到达美洲大陆，面临那个情况，你替印第安人想想该怎么办吧，要不要把这帮不速之客赶入大海？事实上，质朴好客的印第安人救助了他们，好吃好喝款待，然后双方经常围坐篝火欢乐起舞，西方的感恩节，最初就是感谢印第安人而不是上帝的慷慨赐予。至于亡族灭种的"菲力浦王之战"，欧洲客人与当地土著大打出手，那是在半个世纪之后的事情。无论怎样我们大家都明白，印第安人当初是没有更多选择的。再回溯至更早的当年呢,在哥伦布举起望远镜东张西望的时候,想想看,印第安人有没有办法用绿色伪装网把美洲大陆盖起来?

我科学地估计,外星人是魔鬼还是天使,概率应该是一半对一半,至少,天使的比例不会低于地球人群里吃斋念佛者的比例。

我倒是觉得,从我们地球的情况看,文明内部的自相残杀恐怕更容易,也更常见得多。因此,我的鄙见是,事情可能相反,没有外星人要跟我们争什么。他们不缺维生素,也不需要用黄金来镶牙。说不定,他们有一定的概率,可能喜欢迷恋以下东西:核废料、雾霾、癌细胞、塑料袋、汽车尾气,或者地震海啸火山灰,甚至人类的暴力、自私、阴暗心理,等等。谁来证明,这些东西有朝一日会成为我们舍不得被人夺走的宝贝?

那样的话,我们可以考虑跟这类外星人做一些双赢互利的交易。

担心外星人如何强,不如关注外星人如何怪。毕竟,强不强还是以我们自己的标准而且是眼下的标准来看的,我们眼下的标准不见得具有宇宙通行的普世价值。怪异,肯定是我们对外星人的第一观感。

外星人有肉体吗?不一定。我们的科技就在不断地刷新智能生命形态的定义。从假牙安装到活体移植,从器官克隆到芯片植入,总有一天,就在不会太久的未来,我们会认不出自己这一副进化了 400 万年的肉体凡胎。霍金就貌似一个例子,一颗非凡的智慧脑袋,外加一副纯粹累赘的躯体,如果霍金教授不觉得冒犯的话,那副本来就不听他使唤的躯体换作变形金刚的铁甲,难道还有什么道德或审美方面的障碍吗?那想一想文明程度领先我们千万年的外星人,岂不是真有可能比神仙还神奇。

别说长得帅不帅了,就连肉体生命这种基本形式,都没有什么必然理由和天然优势。乔治·瓦尔德认为,恒星之间的距离是难以想象的广阔,能够进行星际航行的不可能是血肉之躯,只能是"人造"智能生命,可是他们对我们肯定漠不关心。他引述一篇科幻小说的情节,说两个非生物外星人接收到来自地球的信号之后,有这样一番对话:

"人类通过无线电波来说话，可是这些信号却不是他们自己发出的，而是机器产生的。"

"那谁造的这种机器？我们要和他接触。"

"他们造的机器，这就是我想告诉你的，一团肉造了机器。"

"太荒谬了，肉怎么可能造出机器来呢？难道你想让我相信肉是有知觉的？"

"我并不是想让你相信，而是在告诉你，这种生物是这个区域内唯一有知觉的物种，而且他们都是拿肉做的。"

"听起来真不舒服，但还是有限制的。我们真的要和肉接触吗？"

"绝对不可能。到了那儿我们怎么说，难道说'你好，肉，混得还好吧。'"

"太痛苦了，是你自己说的，谁想和肉见面呀？"

看看吧，这就叫沟通困难。

我们之为智能生命，因为我们是思想者。宇宙间的思想者不一定就非要像罗丹雕塑的"思想者"那样，两只手两只脚外加一颗脑袋，也根本没有理由就要像好莱坞认为的那样，长着肉嘟嘟的肚皮、邹巴巴的爪子，还有一对黑亮的大眼珠。外星人可能是非常奇怪的存在，奇怪到没有极限和底线。如果他们喜欢远游太空，一定有办法解决户外装备问题，可能不需要穿笨重的宇航服，涂抹太阳辐射防晒霜。

你看宇宙深处的星云，那，可能就是一个或者一群外星人。主张稳恒态宇宙论、反对大爆炸假说的剑桥大学天文学家霍伊尔就有一个大尺度幻想：外星人可能是一个星云团。他还此写了一本著名的科幻小说《黑云压境》。不是腾云驾雾，这样的云团本身就是有生命、有智慧的组织体，在茫茫的星际空间自由游荡，像水母飘荡在大海里。他们会不会把一些中意的恒星或者我们地球这种行星当做点心，我们是没有办法想象的。我宁愿把他们视为特殊的自然现象，而不是什么古怪的"人"。

再举一个狂野幻想的例子。有科学家认为，宇宙本身就是一个生命体、一个思想者,或者一个超级大脑。幻想到这种程度,就相当哲学了。当然,不用担心它会把我们当做寄生虫用镊子夹下来扔掉,因为,别说我们地球,就连我们的太阳系都够不上寄生虫的尺寸。我们独登高台,向天祈祷,宇宙它能感应到吗,它在乎吗?——答案没有什么具体意义。

电影《超体》也是一个终极狂想的故事。露西大脑开发到80%、90%,就可以任意组合细胞机体,自由穿越时空了。开发到100%,聪明到极致,其结果就是化作乌有。你问她在哪里,回答是:无处不在。可这还有什么意思呢?一点都不好玩。就连那个作恶多端的韩国黑社会老大,都要麻烦受伤的警察在关键时刻将其击毙。电影情节发展到这个时候,观众期待的爱情故事也无法发生了,只好散场。

无论如何,绝对不要上好莱坞的当,人类跟外星人之间那些爱恨情仇的故事太过一厢情愿。我确信,外星人爱上地球人,比蚂蚁爱上大象的可能性还小,外星人也不会比天边的一朵乌云,更有可能成为我们的朋友或者敌人。总之,想象越是没边没谱——比如,一个外星人可以仅仅是一束能量——越有可能是真的。而想象太接近人类的——比如有四肢和双眼,并且长着一副韩国明星的脸——则反而可以肯定是错的。

实在太惆怅了,来点乐观的吧。

好消息是,有科学家估计在2020—2025年,人类将找到外星人,当然我认为应该是多少有点交往意义的、"正常的"外星人,那将是有史以来对我们的心灵构成重大冲击的事件。我个人是不大把霍金的警告当回事的,外星人飞船如果途经太阳系,我肯定要挥手致意而且用闪光灯拍照。未来30世纪的人们回顾我们今天,他们最感慨的将不是什么政治、战争、科技,等等,而是我们终于找到宇宙邻居。到那时,我们的各国政府、公司和个人,再要想做什么过分事情的时候,恐怕都得掂量一下:

嗯,这事儿,不晓得外星人怎么看。

科学界对待外星人问题,大概就这个程度了,非常笼统飘渺,简直不得要领。因此,大众自己想办法,沿着常人的逻辑和情感把这个话题进行下去。

2 外星文明神话

外星人有点像大众情人，惊险刺激的神秘情人。

20世纪，在美国宇航员登月壮举的刺激下，人类开始兵分三路，热情高涨地搜寻外星文明。一路人马以SETI为代表，通过望远镜在茫茫太空里搜寻，一路人马用照相机在楼顶和树梢抓拍UFO，还有一路人马则拿起放大镜在古迹里搜寻。五十多年来，望远镜团队除了那一声诡异的尖叫之外，迄今仍然两手空空。照相机团队和放大镜团队则不断有新的斩获和惊人发现，他们推动一系列UFO神话和远古外星人神话风靡世界。

照相机团队的UFO神话。

当然他们常常来不及打开照相机，因此他们更多时候只是惊慌失措的目击者，事后进行口述实录。他们的故事太多太多，而且新故事层出不穷。本书没有办法去转述这些证实或没证实的故事，我只是注意到，照相机团队永远有一些根深蒂固、不可动摇的信念，轴得有趣。

第一，UFO肯定有。

必须有，没有才怪，甭跟我扯科学不科学。我们的心灵和文化生活，当然也包括我们的杂志、网站、旅馆、吉祥物商店，都离不了它。

第二，UFO就在我们身边。

关于UFO的主流传说，让我们认识这样三类耐人寻味的外星人：第一类是深沉老练、暗藏阴谋的科学实验员。偶尔掳去几个男人女人，二话不说按倒就打针灌药照光拍片，然后又心虚地把他们的记忆抹了扔回来。第二类是喜欢拿我们这种低级智能生命寻开心的变态狂。它们既不公开露面征服地球，也不跟我们共同探讨宇宙奥秘和人生哲学，只是处心积虑躲猫猫、逗你玩。第三类则是流窜作案的高科技流浪汉。他们好像很窝囊，也没见偷什么东西，还斗不过地球人，而且时不时地发生机毁人亡的糗事，同伴尸体被人类收藏了、解剖了，也不敢公开索回。

这三类外星人都有一个共同的可疑之处：他们既然这么喜欢在地球上闹腾，科技又十分了得，却学不会任何一门人类语言，"到此一游"四个字都不会写。窃以为，如果真有这样的外星人，他们需要看心理医生。

第三，UFO 真相若隐若现。

真相被某些强力的政权组织掩盖起来了，掩盖 UFO 真相的机构组织必须够强，比如，美国政府军队和中央情报局，还有苏联政府。他们隐瞒秘密是为了独吞来自外星人的非凡能力，用来制造先进飞机、隐身斗篷、怪异病毒。没有谁能够胁迫他们交出秘密，或者引诱他们出卖秘密。迄今为止，没有任何国家比美国更为强大，而且全球每天发生无数怪事，难道不是确凿的证据吗？

不过，这种说法有一个严重疑点：美国特种部队想盖就盖得住，怂包外星人无可奈何。再说了，美国总统号称地球上最有权力的人，也有包不住的事情，比如水门事件、莱温斯基事件，何以在外星人事件方面却包得如此严实？

放大镜团队的远古外星人神话。

他们发现，远古时期，地球曾经是高智慧外星人主宰的世界，那时，我们人类只比丛林里的猴子强不了多少。后来不知什么时候，这些外星人听到了什么集结号令，突然撇下可怜的地球人匆匆逃逸，从人类的文明进程中消失得无影无踪。

远古外星人可能是人类进化的启蒙导师，教我们学会了数学、物理、化学。他们在世界各地留下大量令人惊叹的遗迹，有埃及金字塔之类的巨大工程，有 tolima 古文明飞机模型之类的先进设计，还有大量故事情节留在我们祖先的破碎记忆里，这些惊恐万状的记忆，通过语无伦次的宗教神话和历史文献流传至今。

我们要注意一个人,瑞士一家旅社的高管、著名非科学家冯·丹尼肯,他制造了一场持久的、影响广泛而深远的现代外星人造神运动。1976 年,他的《诸神的战车》一书引起巨大反响,其后又陆续出版 20 多部相同类型的书。这些书被翻译成 29 种语言,世界发行量达五六千万册。我估计,他的发行量,至少他的读者群,可以抗衡包括霍金《时间简史》在内所有科学家写出的科普著作。美国电视历史频道把这些迷人的故事搬上大型纪录片《远古外星人》。2014 年,该片在中国中央电视台热播,片名时尚:《来自远古星星的你》。

丹尼肯深入细致考察了大量考古奇迹,他找到了一些高度疑似外星文明才可能拥有的东西。他的研究考察对象,有一些是大型遗址遗迹,比如大名鼎鼎的巴尔贝克神庙、印加遗址、复活节岛石像;有不可思议的诡异东西,比如玛雅人的水晶头骨、《以西结书》里的外星飞船、皮里·雷斯地图、埃及古墓萨卡拉木鸟飞机模型;还有一些古代"不可能"的东西,比如能够测算日月运行轨道、测算日食月食时间、计算各大行星运行轨迹的安蒂基西拉机器,有鼻带呼吸器、眼观瞭望镜、脚蹬加油板、座舱底座还喷火的帕卡尔石棺火箭;还有埃及灯泡、古巴比伦电池,等等。而且,这个名单还在越拉越长。

丹尼肯不但有古代外星人的物证,还有大量文化传承证据。他通过许多事例雄辩地证明,各地宗教和神话里的故事不是凭空杜撰,基本都是发生在外星人身上的真实故事。比如,就连佛祖的莲花座,看上去都像喷火式飞船。科技强大的远古外星人对古代地球人来说,就是不折不扣的神,我们的祖先看见了、吓坏了、添油加醋传开了。好比现在让你我开着飞机坦克,带着手机、iPad 穿越到古代,那也必须被老祖先们惊为天人。

不过,扫兴的是,丹尼肯历来为科学界所不齿,这令那些对神秘现象有着特殊偏好并心怀敬畏的人士感到愤怒。卡尔·萨根《魔鬼出没的世界》一书、美国教授肯尼斯·L. 费德《骗局、神话与奥秘:考古学中的科学与伪科学》一书,包括其他考古学家耐心细致的解密工作,告诉人们一个无情的事实:

这个世界,没有丹尼肯说的那么戏剧化。

仅举一例，比如纳斯卡图案，那是秘鲁一片沙漠里的大型沙画，其中一组线条图案长约 37 英里，宽 1 英里，从空中看去笔直而平整，丹尼肯暗示这些图案很可能是外星人的飞行器跑道。无需问科学，凭常识就可以知道，航天器如果需要这么长的跑道，肯定是相当失败的设计，远没有我们的航母舰载机先进。而且，纳斯卡柔软的沙土不适合任何沉重的飞行器降落，有科学家说，非要在这儿降落的话，那些远古的宇宙飞行员会陷进土里拔不出脚来。

更多的事例，则是牵强附会且固执的臆测。科学家米格达尔嘲讽说："在一副古代图画中，如果一个人头上戴有面罩，那么他必定是一个宇航员；如果头上没戴面罩，则必定是在空间飞船登陆时搞丢了。"这样的事例太多。比如宇航员登上月亮，报告没发现嫦娥，又有人说外星人一定挟持嫦娥，转移到月球阴面了。

还有不少东西，是丹尼肯情急之下瞎编甚至伪造的。比如，印度一根号称不生锈的铁柱子其实是锈了的，UFO 陶器是伪造的，厄瓜多尔"阿加尔塔"隧道里的奇怪雕像和铁板文书也是伪造的。这就是丹尼肯聪明过头的地方。窃以为，若不造假，要彻底驳倒他并非易事。《骗局、神话与奥秘：考古学中的科学与伪科学》提到一组数据：

> 2000 年，一项对美国大学生的测试表明：有 34% 的人相信图坦卡蒙陵墓诅咒，有 43% 的人相信亚特兰蒂斯是真的，有 21% 的人相信外星人来过地球。2005 年，对美国 1 000 位民众所做的盖洛普民意调查表明：有 41% 的人相信超感知觉，有 31% 的人相信通灵术或特异功能，有 26% 的人相信神视和预测未来的能力，有 37% 的人相信有鬼魂，有 48% 的人相信过去有外星人光顾过地球。

看看，市场大得很，何苦造假以博观众。

基本上，丹尼肯的现代外星人造神运动，就是卡尔·萨根所说的消费外星人的商业娱乐活动。据说，从 20 世纪 80 年代开始，《诸神的战车》进入许多欧美高中教育的科普课本，成为"伪科学是如何通过纯粹的猜想和似是而非的案例来证明其观点"的经典案例。而且,1991 年,丹尼肯荣获"搞笑诺贝尔奖"
(the Ig Nobel Prizes),而且是文学奖,而且是首届。遗憾的是,好像知道此事的
人不多。

这是科普的悲剧。**丹尼肯的畅销书证明,十个诺贝尔奖获得者,讲不过一个搞笑诺贝尔奖获得者。**

无论如何,无论科学能不能解释那些神秘现象,无论放大镜团队、照相机团队有没有故意造假或者牵强附会,远古外星人神话和 UFO 神话注定要继续流行,而且一定要永久地流行。

■ 小结

　　武侠书说,庄主凛然一惊,提一把宝剑,跃身院子中央,对着黑暗处厉声高叫:何方好汉,报上名来!

第 10 章

微 笑 神 佛

神佛为什么微笑呢?

因为今天这个古怪的宇宙科学,看起来有点好笑。

你见,或者不见我

我就在那里

不悲不喜

你念,或者不念我

情就在那里

不来不去

你爱,或者不爱我

爱就在那里

不增不减

你跟,或者不跟我

我的手就在你手里

不舍不弃

来我的怀里

或者

让我住进你的心里

默然相爱

寂静欢喜

——扎西拉姆·多多《班扎古鲁白玛的沉默》

你见,或者不见,宇宙可不一定就在那里!

我们很难理解,宇宙为什么如此矫情。前面我们费了很大的劲,想要确认
TOE 严肃的科学意见:宇宙与它的观察者,确实存在某种隐秘和微妙的关系。
没有观察者,就可能真的没有宇宙。宇宙膨胀理论奠基人、著名的 TOE 科学家

安德烈·林德说过如下一番非常深刻并且深受唯心主义欢迎的话：

> 对我这样一个人类的成员之一，在没有任何观察者的情况下，我不知
> 道说宇宙是存在的有什么意义，宇宙和我们是一起的。当你说没有任何观
> 察者的宇宙是存在的，我从中得不出任何意义。我不能想象一个不考虑意
> 识的万物的一致理论。一个记录设备不能因为有人读记录设备上记录的
> 东西而起到一个观察者的作用。为了让我们看到某事发生、彼此谈论某事
> 发生，你需要有一个宇宙，你需要有一个记录设备，你还需要有我们……没
> 有观察者，我们的宇宙是死的。

这话说得相当透彻。这意味着，即便你对无数多元宇宙没有兴趣，或者你
认为万千宇宙也只能算作一个复杂的大一统宇宙，那么你仍然必须明白，至少
有两个宇宙：一个是你看见的宇宙，它就是你当下清晰确认、我们共同谈论的这
个样子。另一个是你扭过头去（比方而已你懂得）没有看见的宇宙，它有可能
还在哪儿，也可能在某种概率里它的波函数坍缩了，然后背着你挤眉弄眼做怪
相，或者干脆玩消失。如果你热爱生活、热爱这个世界，可得好好把它盯紧
一点。

沿着这个路子思考下去，就不可避免地要认真考虑另外两个宇宙：一个是
科学的宇宙，一个是神佛的宇宙。科学把宇宙掰碎成一颗一颗的细微粒子，这
相当于你在仔细地观察。神佛对宇宙只是内心感知，并不以为有一个可以离开
人的心灵而独立存在的客观宇宙。在神佛那里，你可以想象，宇宙波函数的设
计思想多么受欢迎。佛说"色即是空、空即是色"（这个"色"大意是指客观存
在），宇宙要是忽然玩消失，我佛一点都不会奇怪。

宇宙是你的，也是我的，归根到底是"我"的，是每一个观察者和思想者的。
因此，疯狂宇宙，神灵有份。我们通篇在谈论 TOE，谈论这个接近于读懂上帝心
智的万物至理，到最后一章，有必要问一问微笑的神佛怎么看。正如保罗·戴
维斯《上帝与新物理学》结束语所说：

我深信，只有从各个方面全方位地了解世界，从还原论和整体论的角度，从数学和诗的角度，通过各种力、场、粒子，通过善与恶，全方位地了解世界，我们才能最终了解我们自己，了解我们的家——宇宙背后的意义。

1 两个神奇手指

本着当代科普的简捷精神,我想通过以下两个神奇手指的故事,以最快速度阐明我的最初出发点和最终落脚点:宇宙波函数的坍缩,并不等于科学的幻灭,更不等于神灵的胜利。

有一个神奇手指。

彼得·阿特金斯关于 TOE 的科普著作《伽利略的手指》,开篇就讲了一个事情:为了永久纪念现代科学的先驱、文艺复兴的伟大科学家伽利略,人们将他的右手中指,安放在佛罗伦萨科学历史博物馆。藏品附言一则,文采飞扬:

> 不要小看这根手指,一位伟人(伽利略)正是靠它才度量了苍穹的路径,并且揭示了地上的凡夫俗子们从未见过的宇宙胜景。因此,这位伟人在摆弄一架不起眼的望远镜的同时,也在挑战甚至是那些勇力超群的年轻的泰坦巨神们(希腊神话)都无法完成的登天任务。

伽利略这个手指是一种隐喻,因为伽利略的伟大贡献是把科学指向实证主义。思辨有啥用啊,一切还得靠实验说话。人类逐步建立起可靠的探究世界本质的实验性方法,坚信人类可以依靠自身的理性,而非什么天降启示,就能够认识这个世界。从此,科学与那些看似无所不知却不着边际的各种空想划清界限,并不再为江湖骗子各种形形色色的胡说八道而闹心。

要么科学,要么扯淡。

还有一个神奇手指。

三个秀才进京赶考,路遇贞凌雁道观(原本无名,我臆测的,因为它不应该无名),向观主老道求测前程。老道微闭双眼,举起一指。问者愿闻其详,老道不再多话:天机不可泄露,奥秘自在其中。秀才走后,道童纳闷,老道告诉徒儿,他这一个手指自有玄机,足以应付三个秀才所有可能出现的情况:

(1)三个人都考中了(当然,我说的是一起考中)。

(2)两个人考中了(没错,我说的就是一人落榜)。

(3)只有一个人考中了(可不嘛,我说的正是一人考中)。

(4)三个人都没有考中(对呀,我说的是一起落榜呢)。

呃,还有别的吗? 你是想说更复杂一些的情况,比如五个士兵临上前线求测生死怎么应对? 老道知道,那样只需增加对生死三比二的解释,一个指头是说:生比死多了或少了一个。再复杂,老道还有终极解释,一个指头是说:一切皆由天定。总之,贞凌雁老道真灵验,人们注定了要顶礼膜拜。

这是一个意味深长的寓言故事。因为这个手指头,我们可以发现一切神秘智慧的几乎全部根源。它为人们软弱的心智找到放弃理性的借口。我们应当保存老道的这个手指头,筑个神龛供奉起来,这样我们可以经常去感悟那些让人醍醐灌顶的深刻奥秘,特别是在一些重大事件发生之后,去慨叹先知们的惊人预言。有这个指头的指引,只要我们有足够的天赋运气,还有恰当的缘分,就不会再有任何想不明白的事情、任何绕不过去的烦恼。

两个手指有点搅。

两个手指的故事,科学与玄学泾渭分明。但是,现在的情况比较微妙,两个手指被人经常搅到一起。据说,TOE 千辛万苦搞出来的那些东西,不过都是小儿科,神佛系统都是知道的,而且早就知道了。最有意思的是,TOE 的不确定、不实在、不可说,看上去简直就是在向神佛系统投怀送抱。

从诡异的量子力学问世开始,我们仿佛进入了一个科学与玄学跨界混搭的时代。净空法师,一个赫赫有名的、据我所知对量子力学谈论最多的高僧,讲了许多关于科学如何向我佛靠拢的故事。他在 2011 年的一次(当然不止一次)

演讲中指出："我们有理由相信,二三十年之后佛教不再是宗教了,是什么？高等科学、高等哲学,可能会被一些哲学家、科学家统统接受。他们最新的发现,释迦牟尼佛在三千年前就把这个问题讲得很清楚、很明白。"净空法师的预言是有底气的,今后将更是这样。

科学在象牙塔里艰难前行,神佛在大众心中轻灵跳跃。我历来不相信科学能够把神灵怎么样,非但如此,而今我还看到神灵正在感谢科学的鼎力相助。尤其是量子力学,太招人喜欢了。下面我们就来看看最新的情况,两个极具代表性的科玄混搭案例,可能属于用科学来证明神秘现象的最高成就之列,因此两个就够了。

关于"灵魂出窍"的科研。近年来有报道说,两个科学家将量子力学应用于人类意识研究,提出惊人的科学论断:灵魂出窍是真实的,意识是宇宙自带的。此案相关内容出自网络报道,流传甚广,我没有查到新闻的最初来源,不过不要紧,报道中的观点、论调、情节一点都不新鲜,引用和评述不能算谬传。

这两个科学家,据说是亚利桑那大学意识研究中心主任斯图亚特·汉姆拉夫教授和英国物理学家罗杰斯·庞罗斯爵士。他们共同提出"调谐客观还原理论"(Orch—OR)。他们认为,人类灵魂存在于大脑细胞中一个很小的结构单元,称为"微管"。"微管"极微,因此具备量子特性。

我们知道,量子态的粒子有一个神奇的本事:它弥漫整个宇宙时空。如果人类的灵魂意识可以"物化"为量子态的粒子,它当然就有机会摆脱肉体凡胎。显然,汉姆拉夫和庞罗斯就是这么想的。人类灵魂本是宇宙的天然存在,它们与世俱来,无生无灭,人类躯体不过是一具寄居壳。汉姆拉夫说:"心脏停止跳动,血液停止流动,微管失去了它们的量子态,但微管内的量子信息并没有遭到破坏,也无法被破坏,离开肉体后重新回到宇宙。如果患者苏醒过来,这种量子信息又会重新回到微管,患者会说'我体验了一次濒死经历'。如果没有苏醒过来,患者便会死亡,这种量子信息将存在于肉体外,以灵魂的形式。"——嘿,灵魂出窍啦！

显然，真的是一点都不新鲜。我们早就听说，这个宇宙，既有 10^{90} 颗基本粒子在努力构造万物，也有许许多多灵魂在游荡，它们在一代又一代人类肉体中挑挑拣拣、进进出出。现在听说，它们驻扎在人脑细胞的某个微管中。这些，在佛家体系里根本就是基本常识。古往今来全世界内心丰富、精神敏感的人，也都坚定地相信这个。而今只是高兴地看到，死硬的现代科学终于露出温情脉脉的笑脸。我们一直期待科学来作出证明。

稍微说开一些，我们不妨换个角度来看看这个问题。宇宙孕育了智能生命，却不让它知道自己的终极命运，使之迷惘纠结千万年，这是宇宙大设计中最古怪的安排之一，我个人倾向于认为，这也是造物主并不厚道的一个证明。为什么无数人都要对灵魂永存寄予这么大的期望？说来也正常，人类几百万年来，都没能确定灵魂只是一些物理化学的特殊反应，对灵魂永存的疑心，早已物化到基因深处。

对此，总是有少数冷峻固执的人，特别是那些在伽利略手指指引下的科学家，怎么也不相信。因此，当汉姆拉夫把这一套东西搬到科学家会议室的时候，情况就不好了。2006 年，他在一个科学研讨会上介绍了自己的观点，当时在场的物理学家劳伦斯·克劳斯说："从物理学角度说，你说的所有一切都是胡说八道，也许我太有礼貌了点。"现场一片哄堂大笑，这让汉姆拉夫非常尴尬。马克斯·泰格马克的批评意见具体一些，他说，量子存在的微观世界和宏观世界几乎是完全不相连的层面，量子态呈现的特性，不可能在宏观世界中表现出来。

汉姆拉夫当然明白，致命问题就在这里。他认为，大自然已经演化出一种能够把宏观和微观联系起来的机制，"我并不清楚（宏观和微观之间的）界限，但我想说，意识正好就是处在微观量子和宏观经典世界边缘之间的过程"。他还在寻找新的依据，比如鸟类能够远距离导航，是不是表明量子态的信息在宇宙空间穿梭？

我们期待灵魂出窍理论的新版本。光是嘴巴说说还不行，谁不会说啊？我们期待汉姆拉夫和庞罗斯像 CERN（欧洲核子研究组织）开动 LHC 找到上帝粒子那样,找到脑细胞中的微管,最好在太空里找到几粒有思想的微管,无论贤愚。在找到微管之前,我觉得这套理论应当列为少儿不宜,不能让孩子们因为自卑或自恋而轻率地尝试更换躯体。

关于"以心控物"的科研。以心控物也不新鲜,也是人类智能与生俱来的自恋天性,跟灵魂永存的幻想一样古老。以心控物近年成为科学话题,一个重要推动人物是美国女作家、记者、非科学家琳恩·麦塔格特,还有一个是前面提到的台湾大学校长李嗣涔。麦塔格特拥有一个实验基地:"念力全球网",著有一系列神奇的书。她鲜明地主张并深入地论证,人的意念可以影响客观世界。净空法师就认真地推荐过她的新书:《念力的秘密——叫唤自己的内在力量》。为准确理解作者本意,我出具原书名:*The Intention Experiment*:*Using Your Thoughts to Change Your Life and the World*,出版时间是 2006 年。作者在该书序言清晰表达了自己的核心思想:"具有目的的思维……看来可以产生一种强力能量,足以改变物理现实。一个简单的意念似乎拥有改变我们世界的力量。"

麦塔格特并非光说不练那一族,她的研究既有理论也有实践。理论上仍然是以强大的量子力学为基础,实践上以她"念力全球网"百万参与者的实验为基础。这就有相当强势的话语权了。相比之下,李嗣涔虽然也做实验,但并不在现代科学里出具直接依据,只是反复强调人类理性的无知和局限,说得我等这些不会靠意念折弯汤勺的凡人都不好意思了。反过来,净空法师倒是主动跟科学打招呼了。法师对麦塔格特的科学理论表现出赞赏,在多次演讲中,把她的研究成果印到讲义里广为散发。

我无法去求证麦塔格特的实验,那是各种隔空取物、意念治病之类的复杂实验,跟李嗣涔的实验非常相似。如果仅凭书中详尽描述的大量实验故事,你我除了惊叹之外,不可能还有别的结果。但她声明的科学依据,我看懂了,真的是量子理论:"创造我们宇宙的最基本材料乃是那观察它的意识。量子物理学的好几位核心人物都主张,宇宙是民主的和鼓励参与的:是观察者与被观察者携手合作的结果。"她的第二大科学依据是能量场。宇宙空间无时无处不翻滚着量子能量的波浪,通过这种波浪的推动,宇宙所有物质都与零点能量场互动,因此，不仅量子态亚原子粒子相互纠缠，所有物质也都彼此牵连在一起，有着潜在的纠缠关系。

不过，我已经注意到，从量子理论的观察影响存在，再到麦塔格特的以心控物，这个过程来得有点突然，基本上就是直接跳过去的。依据她的意见，人类不应当仅仅满足于量子理论规定的那样，做一个脑袋埋进沙里、世界瞬间消失的鸵鸟式观察者，还有机会调动观察行为，去改变物体的形态和运动。但，要命的问题是：人们的意念是量子吗？它如何从脑波里一跃而出，然后在能量场的大海中乘风破浪，最终去撼动远方的物体？麦塔格特的实验没有清晰地解决这个问题，我估计，这可能是她迄今未受诺贝尔评奖委员会关注的主要原因。

我理解她的研究，基本结论概括起来就是，既然量子理论的老鼠瞄一眼月亮即可使之浮现夜空，可见这一瞄，是有能量的。如果集中意念，深情凝视，那就比不经意地瞄一眼要强大得多了，再通过真空能量场的放大与传递作用，月亮，就有可能蹁跹起舞。

> 花间一壶酒，独酌无相亲。
> 举杯邀明月，对影成三人。
> 月既不解饮，影徒随我身。
> 暂伴月将影，行乐须及春。
> 我歌月徘徊，我舞影零乱。
> 醒时同交欢，醉后各分散。
> 永结无情游，相期邈云汉。
>
> ——李白《月下独酌》

那天晚上，李白、月亮、影子这三个神秘角色是不是真的在一块婀娜起舞了？——完全可以这样猜测，毕竟李白的气场是很强的啊。

无论如何，你可以清楚地发现：两三千年以来，神佛系统从来没有像今天这样热烈地谈论科学，并且，从来没有像今天这样科学地谈论宇宙。

2 三大认知定律

本书所说神佛系统,大致是指 $1+n$ 的超科学系统。这 1,是以东西方各教派为代表的"神圣系"。它们是神佛系统的主流和正统,它们理当受到的敬重礼遇不应被忽视,本书作者无意冒犯。这 n,是不可与神圣系相提并论,而此处又不得不捎带着一并考察的其他系,它们主要包括:

以外星人 UFO 为代表的"神秘系"。

以气功、特异功能为代表的"神功系"。

以星相、麻衣、求签、算命为代表的"神术系"。

以灵异、幽灵、碟仙、狐狸精为代表的"神鬼系"。

以巫师、巫婆、神汉、仙姑为代表的"神经系"。

凡此种种,不一而足。它们格调品味比较杂乱,而且对宇宙的描述和解释通常是破碎的,有的还相当猥琐卑劣。

需要注意,神佛系统并不以描述解释宇宙为根本目的,它总是而且必须由此出发,然后据以建立起相应的价值体系来引领世俗社会。而我们关注的,只是它对宇宙的认知体系。保罗·戴维斯说:"在人类历史的大部分时期,男男女女们之所以皈依宗教,并不只是为了寻求道德指引,而且也是为了寻求关于存在的基本问题的答案。"是啊,普罗大众时刻并永远需要终极的真相和真理,无论这些真相和真理来自天降启示,还是试管仪器。

这本书,没有准备介绍神佛系统的全部宇宙观,也没有力量描述它所主导的"第二宇宙",但希望尝试弄明白它认识宇宙的某些特点。窃以为,窃这次可以坚定地以为,明白两个系统各自以什么方式来谈论宇宙,可能是更具科普(神普)价值的事情。

神佛系统怎么谈宇宙？

如果说，科学要为 TOE 三大定律焦虑不安的话，神佛系统简直就是以不确定、不实在、不可说为根本。因此，我愿意为它另外找个角度，总结几个基本特征，命名为"神佛看宇宙三大奇异定律"。对此，我仍然是严肃的，如觉荒唐，敬请各方神灵和奉道人士息怒。

（1）全明白定律：我值得你相信。

（2）早知道定律：不管情况怎样变，我总是值得你相信。

（3）不可说定律：别指望我说漏嘴。

第一定律：全明白。

命题 1-1　它统统明白。它洞悉的秘密之多，甚至比万事万物的秘密本身还要多。这是显而易见的事情，要不然，怎么应对你们今后可能提出的各种古怪问题？

现在，西方神佛系统普遍认为，上帝有两类，一是人格化的上帝，二是概念化的上帝。在探究宇宙奥秘这个问题上，人格化的上帝曾经被定义为：它是有血有肉的终极超人，它知道所有事情。这样它就负有解释所有疑问的责任，而这不可避免地会因遭遇不断进步的科学而吃亏。概念化的上帝则被定义为：它是人们无法直接感知的神秘存在，它知道你不知道的所有东西。概念化的上帝极具弹性，凡科学能解释的，它不再解释；凡科学已经解决的，它不再坚持。即便上帝这个名号你要是觉得不妥而想改，它也是无所谓的。无论科学进展到什么程度，只要科学还不能宣布抵达边缘（可怜的科学知道自己永远没有这样的时候），那么它就总在这个程度的更前面、更深处、更上层。至于东方神佛系统，则从来都是这样，一开始就没有人格化上帝这类麻烦，它的领袖不是 boss，不是主宰，而只是人生哲学导师。

滑头吗？不，人类自己做不到的事情，你不让它来做，还能怎样呢！须知，我们视为最可宝贵的、最终的真理真相，不能抛弃于绝对的真空，我们的心灵不能裸露在虚无的悬崖面前。

命题 1-2　它没有不明白。如果还有,那一定是凡尘俗世不重要的事情,比如可口可乐的配方、马航飞机的去向,还有你套牢已久的婚姻、如胶似漆的股票。这些事儿你去求神佛系统,历来属于走错了庙门。如果你非要坚持求问于它,万能的神佛系统也不会推卸它的神圣责任,具体的咨询应答规则参见第三定律。当然,如果你竟然在路边捡到了可口可乐的配方,类似这种情况,却不应该忘记感谢它的暗中指引。

命题 1-3　它明白的事情如此之多,以至于它只好终日无所事事。它根本没有工夫,也来不及去发明任何一样机械设备、精密仪器、家用电器,尽管它还知道更多东西的制造原理和方法。更重要的是,它明白,人们迟早一定会从它知道的奥秘里得到灵感和指引,否则人们啥也做不出来。它不为人们提供苹果 6 代用于通信,仅仅是因为它可以提供苹果 7 代、8 代,直到 10^{100} 代还不能算完,因而不如让人们继续沿用肉质的口耳相传。东方神佛系统说,这就是"无所为而无所不为"。宇宙空间有限无界,参照这种口气,神佛系统有界无限,它的无限是显然的,它的边界设定在一切具体事务之外。

命题 1-4　如果一定要有什么不明白的东西,那就是它也不明白,它凭什么就明白那么多。对它来说,终极奥秘总是沉不住气的,也许一个不小心的梦,也许一个偶然碰到的顿悟,反正就这么被它突然知道了。

如来佛祖、释迦牟尼、古印度迦毗罗卫国太子乔达摩·悉达多,35 岁时在一棵菩提树下冥思苦想,发誓"不获佛道,不起此座"。七天七夜,终于大彻大悟,入道成佛。可见,肯定不是读书做实验,只是盘坐树下而已,坐着坐着,就入道了。这个情况,有点类似于万世难遇的量子跃迁。

道家更玄。不知是谁把通天秘密转化成二进制符号,依稀模糊刻在一只乌龟的背壳上,然后扔进河里,然后让一个名不见经传的智者捡到。窃以为,这个方案是比较理想的,谁都没有机会通过 DNA 或碳-14 鉴定,找到刻乌龟的人,因而几乎永远不会露怯。

可惜,总有人觉得不过瘾,还要弄出更具戏剧性的情节。因此,《周易》的出处另有正式记载,那是号称"宇宙魔方"的河图洛书,有关传说还要邪门一些。关于河图,传说上古伏羲氏时,洛阳境内的黄河中浮出龙马,背负"河图",献给伏羲,伏羲依此而演成八卦,后为《周易》。关于洛书,传说大禹时,洛阳洛河中浮出神龟,背驮"洛书",献给大禹,大禹依此治水成功,遂划天下为九州,定九章大法来治国理政。就是说,终极奥秘的授予人不明,只知道居中使者是从河里冒出来的龙马和乌龟。还有奇门遁甲,那是《周易》在预测方面的技术路线派,一部图文并茂的天书。关于它的传说就更加等而下之了,那是说,4 600 多年前,轩辕黄帝大战炎帝,打得艰难,突然天降仙女,无缘无故送给轩辕黄帝,战斗就赢了。——仙女?还不如龙马和乌龟,容易成为硬伤啊,笨!

神佛系统无所不知,唯独它自己的来历,它自己也不知道。神佛系统深刻地认为,伽利略实证主义的认知道路,未必不是一种幼稚的执着。人类的认知,正如人类自身的突兀存在,为什么不可以毫无缘由地无中生有?

命题1-5 它永远没错。为什么呢?呃,道理很简单,因为它永远是对的。从漫长的历史和大量的事实来看,凡是你以为它错了的时候,情况一定是这样的:

第一,你理解错了。

第二,或者是他解释错了。

第三,如果上述两种情况都不是,那就是你存心捣乱。

命题1-6 **总有一万个证据可以证明它是对的,但你找不到一个证据能够证明它是错的**。当然,愚蠢的除外。中世纪西方宗教的"地心说"就是一个深刻教训。本来,"中心"这个概念应当是高度抽象的,那时人们都已经知道地球不过是一颗普通的岩石大疙瘩,而你还非要坚持把这种具象的东西当作中心,就甚为不智了。不仅不智,而且固执,烧死了布鲁诺,后来又不得不认错,自留污点。类似的丢分事件还很多。

我们都必须清醒地认识到,不可证伪,是一切神佛系统的生命线。

那个贞凌雁老道,你可以说他滑头,但你无法证明他错了,是不是? 保罗·戴维斯说得好:"任何宗教,假如其信仰的基础是可被证明为错误的假设,那么这种宗教就别想长命。"因此,一个好的神圣系,千万不要搀和到科学问题的讨论中来。尤其不要跟霍金这类人较劲儿,他昨天还在说宇宙设计这么巧,肯定是上帝帮了忙,今天却又说宇宙起源是宇宙自己的事情,它完全可以照顾好自己。更不要跟霍金打赌,他的赌注无非 100 美元,或者一件 T 恤、一本百科全书。咱们神圣,可就轻易输不起了。

现在,科学日益昌明的现在,神佛系统的不可证伪越来越重要。我们知道,基于东西方文化的深刻背景,西方神佛系统是"入世"的,积极主张干预人世间的事情,而东方神佛系统是"出世"的,超越一切世俗事务之上。几乎整个世界都已经认识到,后者作为与科学划清界限并免于被科学羞煞的策略,更能代表神佛系统的本质和未来。

比如,佛教就不大愿意跟任何人讨论具体问题,它甚至把人们一切现实的好运气和坏运气,都归因于个人的因缘和业力。对于人世间的是非恩怨,它能站多远就站多远。道家文化更强,没有设定任何造物主,它的最高根源是什么? ——呃,那是一组二进制符号,外加一个圆圆的、黑白两色的 logo,而已!

第二定律:早知道。

命题 2-1　它总是在最初的时候就知道了。宇宙大爆炸的模型,道家 3 000 多年前就知道了。全息宇宙假说、量子力学的测不准和非定域性原理,我佛 2 500 年前就知道了。只有可怜的科学,现在才知道。就拿本书预言的"好吧,重新来"理论来说,毫无疑问,神佛系统也一定已经知道。不过,因受第三定律限制,具体内容需透过神佛的微笑去领悟。如若不信,待到那一天,一定会有解释者向你作出详细证明。

命题 2-2　它不需要修订。它必须一开始就是自洽的,并且它必须一开始就下好赌注,买定离手。越具弹性者,越有生命力,它靠弹性维持着。

如果你觉得它某些方面应当修正,要么是你搞错了,要么是你根本没懂。保罗·戴维斯说:"与科学相比,宗教是建立在启示和公认的智慧的基础上的。声称包容了不可更改的真理的宗教信条是难以作出修正以适应变化着的观念的。真正的信徒必须坚持自己的信仰,不管有什么明显的反证。"而可怜的科学,从亚里士多德到布鲁诺、哥白尼、伽利略、牛顿、爱因斯坦,一路都在犯错,一直都在修改。霍金打赌还总是赌三输二,甚至更多。但是,科学以此为荣。卡尔·萨根说:可能科学和伪科学之间的最大差别在于:与伪科学(或"永无错误的"启示)相比,科学在人类的不完美和易犯错误的本性的认识上要深刻得多。

命题2-3　它总有一个先知。这个先知永远不应当被后人超越,先知以降,余下万世都是谦卑的徒子徒孙。而且,通常情况是一代不如一代。科学就情况不同了,越往前,知道的越少。亚里士多德对世界的认知,还不如你隔壁家的中学生。众所周知,东方神佛系统"祖师爷情结"尤为甚之。在我看来,需求创造供应。人们接受并崇拜一个可靠的先知,只是一种深刻的心理需要,这也是人们乐意为它辩护的原因。长期以来,神佛系统的先知和祖师爷心知肚明,已经形成很好的默契和用户体验。

命题2-4　先知的继承者总是解释者。所有衣钵继承者的全部工作,都只是在解释它。如果还有新的发现,如果还能做出首创、原创的东西,就跟前面的定律和命题冲突了。

命题2-5　绝大多数解释者总是乱解释。我们都看到,太多太多后世智者的解释都是错误的。而且惊人的是,这种无知的解释者竟然跟解释错了的人一样多。更加惊人的是,凡是解释对了的,都是真正懂得它的高人。最惊人的是,这样的高人,倘若后来被发现解释错了,果然就是隐藏的笨蛋,或者聪明的骗子。比如,地心说、上帝制造亚当夏娃,等等,都是后人乱解释的。

近些年就有一个瞎解释的例子,在网上广为流传。科学说,宇宙里有数以千亿计的恒星。有佛家解释者就忍不住出来说,这些事情,我佛早就知道啦。踌躇满志的解释者引经据典:"一千小千世界成一中千世界,一千中千世界成一大千世界,三千大千世界(大中小三个千世界)成一佛所教化之世界。"看看,这小、中、大千世界,不正是银河系、星系团、超星系团么!

佛还说,一佛土涵盖三千大千世界,而且,这样的佛土多如"恒河中所有沙数"。如此,我们要为佛家的大视野和"大数癖"而惊叹。是的,科学是近些年才知道,宇宙中恒星数量是全世界所有沙滩的沙粒总数。佛还说,各个世界之间"隔而不隔,不隔而隔",更加印证了多元宇宙,特别是平铺多元宇宙以哈勃体积为间隔的假说。

不过,关于大千世界的数据账,算得有点凌乱。佛门经典说,我们这个世界叫娑婆世界,佛将"一个日月所照"的范围称为一个"小世界",相当于一个恒星系。1 000 个小世界组成一个"小千世界",1 000 个小千世界组成一个"中千世界",1 000 个中千世界组成一个"大千世界"。

加总算起来,1 000 × 1 000 × 1 000 = 1 000 000 000,所谓三千大千世界总共是 10 亿颗恒星。而我们知道,仅银河系恒星总数约为 2 500 亿颗,就相当于 250 个佛土。若按前面的解释,以三千大千世界(即一个佛土)为总星系,就相去甚远了。

当然佛说了"佛土多如恒河之沙",佛的世界还大得很。到底多大?科学的观察是,全宇宙 1 400 亿个星系,大致是 35 万亿个佛土。而《阿弥陀经》指出:"从是西方,过 10 万亿佛土有世界名曰极乐。"看看,10 万亿佛土就极乐世界了,有没有后悔数字搞得太保守?全宇宙按东方西方平均算,一方应有 17.5 万亿个佛土。据此,仅可见宇宙就至少有 1.75 个极乐世界。这算什么呢,极乐世界还是终点站吗?

对此,我和我佛肯定意见一致,别具体计数了,盖指相当相当多而已——初时你说我佛数字预测惊人准确,后来算不过来了你又说那些数字是泛指。饶是如此,我仍然以为,引用这些东西来教训科学,是典型的假聪明,是在给我佛帮倒忙,因为里斯还有一个无比巨大的宇宙在后面等着,还有无数多元宇宙,等等。请仔细掂量掂量,我佛对付得过来么?

跟科学比拼数字，显然不是明智之举。况且，我佛2 600多年了，相关数据就没有更新过一次，今后也没有要更新的意思，而科学的历史满打满算才几百年，中间却调整了好多次，我跟你打赌，今后肯定还会有调整升级。你现在就跟科学亮底牌，不是陷我佛于被动吗？

第三定律：不可说。

命题3-1　不敢说。 尤其是终极奥秘不能说，天机不可泄露。预言当然要有，否则神佛系统何以立威？但不能明说，因为泄露了就要导致"未来崩溃"。

本书谈过"历史崩溃"，并没有说过"未来崩溃"。因为相对论的穿越未来，我们已经知道本质上是自我冻结、拖延时间，并不是说可以抄近道跑到未来，别有用心鼓捣些什么，然后潜回现在坐等结果。因此，不会有未来崩溃的事情。神佛系统的天机如果泄露，就无法保证不发生未来崩溃的悖论。比如，贞凌雁老道若是犯傻，硬着头皮作出明确预言，事情就危险了。再要遇到霍金这样爱做实验的人偏偏对着干，贞凌雁道观就得关门。

命题3-2　没法说。 道可道非常道，名可名非常名。跟量子理论一样，Speakable交织Unspeakable，那些最核心东西，人世间的语言是没有办法表达明白的。西方文化向来不相信，人世间还有什么艰深道理不可以掰扯清楚。也有例外。英国哲学家路德维希·维特根斯坦的《逻辑哲学论》，通篇用七个命题集来讨论艰深的哲学问题，最后一个命题只有一句话，一句非常著名的话："对于不可说的东西我们必须保持沉默。"然后全书戛然而止。这不矛盾吗，那前面六个命题咋回事呢？我曾经遇到一个痴迷哲学的青年，读书读得好好的，读到这里就精神凌乱了，到处找人辩论。

简约的东方文化深谙其中之道。《道德经》开宗明义表明不可说，结果勉强说了5 284个字。《周易》技术含量较高，说了6 700字。最强的是佛祖，干脆只有一个微笑。那是2 500多年前，佛祖释迦牟尼于灵鹫山上说法，他拈一朵金色婆罗花，瞬目扬眉，示诸大众。大家都不懂，唯有摩诃迦叶破颜轻轻一笑。

佛祖宣布（译文）："我有普照宇宙、包含万有的精深佛法，熄灭生死、超脱轮回的奥妙心法，能够摆脱一切虚假表相修成正果，其中妙处难以言说。我以观察智，以心传心，于教外别传一宗，现在传给摩诃迦叶。"

看看吧，最顶级的奥秘，根本不需要说一个字。更奇特的是，佛祖一生说法，临终前文殊菩萨请他再为大家说一次，佛说：我在世 49 年，又何尝说过一句法？现在你让我再讲授一次，难道我曾经讲授过什么吗？

我佛还有一种行之有效的说教方法——当头棒喝。对那些灵性不强的人，冷不防敲一棒、喝一声，也许就悟了。这就进一步摆明了，根本不是讲不讲道理的事情。

命题 3-3　实在要说，只能说个大概。因为世界本来就是含混的。我们知道，诺查丹玛斯预言其实是用诗的语言来写的，就把它当诗歌来读本来挺好，硬生生把诗歌翻译成世界走向末日的日期表，或者什么战争灾难的大事表，那是你们这些人干的。前面引用了李白的《月下独酌》，我若说它是一篇揭示量子理论真谛、关于观察行为影响实际存在的论文，谁信呢？再有，庙里抽签，你永远只能抽出一首晦涩的诗歌，想一想，它们为什么那么喜欢诗歌体？

命题 3-4　说了你也不懂。这些事情讲的是缘分。不是它不懂，而是你无缘。量子理论认为，世间万物，看则有、不看则无。神佛系统认为，世间奥秘，信则有、不信则无。这意味着，原因和结果得倒过来，你要先信服了，然后才有说服。咦！

3　八个纠缠陷阱

量子一纠缠,科学就乱了。科学与神灵一纠缠,我们就乱了。

对于科学关注的世界存在之谜,神佛系统告诉世人,它知道所有秘密。但是——人们很少能够注意到——它并不准备解密,一开始就没有这样的打算,今后也永远不会有这样的安排。难道不是? 如果我们为它的各种神奇所惊讶折服,那我们应当明白,它仅仅就是为了使我们惊讶折服而已,至于在揭示真相真理方面,不再会有更多我们期待的东西。

除了神秘,永无下文。

窃到这里不再以为,而是必须旗帜鲜明地指出:神佛系统不是世界认知系统,而是道德指引系统。很多时候,也不妨视为帮助人类心灵安宁的文化解决方案。它的力量和威望,基于对世俗生活规律的老练把握,对人性善恶因果的深刻洞悉。好的神佛系统应当是哲学,差一点的是市侩,再次就是骗术。当然,永远不是科学。

前面议论这么多,无非是想说,科学跟神佛根本别往一块拉扯。非要扯在一起,就要落入陷阱。

【神经系】马尔维亚预言陷阱

科学经常作出精确预言,但科学从来不担心预言失败。神佛系统就比不得,因为非科学的预言难以面对自己的失败。成功的案例有许多,贞凌雁老道就是一个,他所作的预言,从局部信息看,核心是那个神秘数字:1,预测结果是相当精准的,只不过全部信息则需待结果来倒推。勉强成功的案例也有,例如早年有故事说,意大利占星师卡尔达诺预言了自己的死期,时辰到了,神佛却没有默契配合,遂主动自绝,以证其言。卡尔达诺以这种超常规方式保住了他的真理,但他也为此付出了代价,好在他已经有心理准备。

失败的教训也有。2005 年,印度一名 75 岁的占星家马尔维亚,预言自己将在 10 月 20 日下午 3 点到 5 点间死亡。待到良辰吉日那天,大批群众蜂拥围观,当地电视台派来转播车实施"死亡直播",警察也出动防他自杀。结果是,预期时间过了,大师没有死。未来,就这样被他活活给整崩溃了。为此,马尔维亚修订预言,称"将活到 90 岁"。——瞧,还一错再错!他应该好好跟贞凌雁老道学一学,实在没有老道之智,也应该学习卡尔达诺之勇。

"马尔维亚预言陷阱"告诉我们:**所有好的预言,都必须是事前笼统、事后再明确的预言。**

【神功系】八卦揭秘陷阱

全世界都知道八卦(周易、奇门遁甲、梅花易数)如何博大精深,如何无所不知,它能够解释世间一切。这是不容置疑并且不可证伪的。本书不传授八卦预测技术,只总结它的核心技巧和缺陷。

八卦拥有一套非常复杂的公式。公式因子包括:太极 1 个、阴阳 1 对、太阴太阳少阴少阳 4 象、从乾到坤的 8 卦、上下卦组合的 64 卦,6 个阴爻阳爻加 1 个变爻,配以 6 神和金木水火土 5 行,佐以 10 项天干和 12 项地支,等等。这些因子分别对应人世间、天地间一切事物、各种关系,因此可以用于解读宇宙一切。

关键问题只有一个:这些因子,无一例外全部都是可变量。浑身都是活动机关,比泥鳅还滑!德雷克公式也是一大堆变量,但它们的区别在于,德雷克公式愿意把每个变量都转化为常量,而八卦公式绝对不干,永远不干。

因此,八卦有一个先天性的小小缺点:它揭秘宇宙的具体答案,需要人们自己去发现。而这个解密八卦的工作,你最后会明白,竟然并不比当初创造八卦本身更容易,呃,哪怕一点点。你最后还会明白,解密八卦就跟解密宇宙本身没有任何差别了。

如此，让人世世代代紧盯着那只阴阳鱼琢磨，试图琢磨出一个太极版的TOE 来，跟让人直接仰望星空有什么不一样呢？贞凌雁老道，你说是不是啊！八卦创造计算机那事儿就是一例。我们知道，地球人都知道，没有太极就没有二进制，没有二进制就没有计算机。但我们还知道，周文王、老子以及后世众多八卦易经高手，都没有取得计算机发明专利。这就是一个严肃的问题。

"八卦揭秘陷阱"告诉我们：**八卦为揭示宇宙奥秘所提供的答案，就是宇宙奥秘本身。**

【神秘系】51 区阴谋陷阱

大名鼎鼎的美国 51 区，是一个高度保密的空军军事基地，坐落于内华达州南部林肯郡，专事先进武器装备的研发和实验，U-2、"黑鸟"和 F117 等先进飞机都是从这里第一次飞起来的。不难想象，这种基地越神秘越吊人胃口，况且时不时还有实验性新飞机在那里飞起来又栽下去，它需要一些故事来掩人耳目。因此，几十年来，它跟 UFO 结下了深厚的不解之缘。

最早是在 1947 年，美国新墨西哥州罗斯威尔发生一起 UFO 坠毁事件，成为当代 UFO 神话的重大案例。美国军队从一开始就深深介入迷雾之中，人们确信，有关外星人的真相被美国军方掩盖起来了，51 区就是藏匿和研究外星人的秘密基地。从那以后，51 区就像一个绯闻缠身的明星，不断有诡异事件传出。51 区周边地区成为科幻主题的旅游圣地，建博物馆，拍电影电视，吉祥物、图书、电子游戏，一片持久繁荣。

2013 年，美国官方正式承认了 51 区的存在。不过，当然，并没有 UFO 什么事情。这相当于摧毁了人们心中的 UFO 老巢，重创了那些"神秘崇拜主义者"的现代信仰，这是让人无法接受的。那么，UFO 神话破灭了吗？不可能。人们只会认为，那不过是为了掩盖新的、更大阴谋而玩弄的障眼法。这就是著名的、顽强到不可救药的阴谋论。

"51 区阴谋陷阱"告诉我们：**任何诡异事情都是越描越黑、越辩越诡，凡有能力掩盖 UFO 真相者，永远无法证明自己没有撒谎。**

【神圣系】钱伯斯全能陷阱

在西方宗教里，人格化的上帝，穿长袍、留胡子、派人到处讲经布道许诺给人恩惠的上帝，已经被证明不是一个好的设计。

2007 年，美国内布拉斯加州一名参议员厄尼·钱伯斯状告上帝。主要案情是，钱伯斯指控上帝给人类带来诸多灾难，包括洪水、飓风、龙卷风、地震、瘟疫、饥荒、种族灭绝、战争和人们先天的残疾。诉状指出，被告既没有展示出同情，也没有表现出自责，反而在灾难来临时幸灾乐祸。这个事情，有点类似中国古代悲剧《窦娥冤》，窦娥蒙冤判死，临刑前愤怒谴责老天爷：

> 天地也！只合把清浊分辨，可怎生糊突了盗跖颜渊？为善的受贫穷更命短，造恶的享富贵又寿延。天地也！做得个怕硬欺软，却原来也这般顺水推船！地也，你不分好歹何为地！天也，你错勘贤愚枉做天！

可叹，老天爷有时不仅是糊涂蛋，甚至是王八蛋。

钱伯斯案中，当地法院驳回了诉讼，理由是上帝没有法定地址。但钱伯斯不服，他说："法院已经亲口承认了上帝的存在。而这种承认的结果是对上帝全知的承认……既然上帝知晓一切，那他一定注意到了这个案子。"钱伯斯还表示，因为上帝"无处不在"，所以被告也亲自出庭了。可不嘛！

许多电影电视节目也有类似的故事。我们不必在意这些故事的真实性，结局也不重要，权当一个思想实验，想一想此事上帝怎么看，是不是真的有点棘手啊？

"钱伯斯全能陷阱"告诉我们：**可以万能，但别全能。坚持全能，将不可避免陷入自相矛盾的困境。**

【神圣系】元珪禅师三不能陷阱

钱伯斯全能陷阱说西方宗教自诩全能，自己给自己赋予无限责任。我佛智慧，不做这种全能的神。

宋代《景德传灯录》记有一则元珪禅师的故事。说从前有座山，山上有座庙，庙里有个元珪禅师在修行。某一天，牛哄哄的山神跑来踢馆，挑战我佛能耐。沉着冷静的元珪禅师跟他说法论理，结果几句充满哲学思想的对话下来，情况发生逆转，山神被禅师震住了，非要拜师。元珪当即给新收的徒弟上了一课。

山神提问说，我的本事大概就比佛只差一点了吧？元珪说，嗯，别骄傲，你比佛差多了，但我佛也不是全知全能，佛尚且有三样不能。山神说，哟，真是伟大的谦虚，我服了。临走前，山神央求师傅让他小小施展一下能耐，师傅就说这寺庙风水有点毛病，那你把北边山上的树木，挪到东边的山上吧。山神答应半夜施工，但可能有点吵，师傅别受惊了。当天晚上，"果有暴风吼雷，奔云掣电，栋宇摇荡，宿鸟声喧"，北山与东山的植被布局在一夜之间调整完成。

移栽树木这些蛮力的事显然是小意思，从来都是小妖法术，不是我佛要负责的正经事。元珪禅师就告诉徒弟们，这事儿可别往外说，要不然人家以为我是妖怪。佛不能的事情，是在别的地方。元珪禅师给山神讲的佛之"三不能"，大概意思如下：

一不能免定业者。佛能空一切相，断一切众生之恶，而不能自免定业。——什么叫定业？上天注定你要倒霉的事情，你躲不过。

二不能度无缘者。佛能化导一切众生，而不能度无缘之人。——何谓无缘？你不理它，它也不理你。

三不能尽生界者。佛能度世间一切众生，而不能令众生界尽也。——顾不了那么多，你们自己看着办，众生自悟自度。

看看，佛的辞典里也有"不可能"三个字。对此，千百年来，烧香拜佛求财免灾祈福避祸的亿万众生，或多或少肯定有误会的，至少没有深入明白求佛不如求自己的道理,而代理香火的寺庙有关部门也乐得默许不吱声。这"三不能"免责条款,值得西方神佛系统好好地仔细品味。

"元珪禅师三不能陷阱"告诉我们:**你求他帮忙,他能够帮上的最大的忙,就是告诉你自己解决。**

【神鬼系】艾子报应陷阱

神也好、佛也好,都不可轻慢。你跟它辩是非、讲道理都是次要的事情,态度才是重要的。态度不仅重要,而且是唯一重要的东西。你可以不信,可以绕道而行,但你最好别惹。它在这一点上跟科学非常不同,它有强烈的自尊心,情绪喜怒无常。

所有神佛系统,都设计装配有一套灵敏的抗招惹反应机制,叫做"报应"。不过,我估计很多人未必注意到,神佛系统的报应机制,其实是一套双向互动、内部有效的家法。苏轼《艾子杂说》有则小故事,寓意很深刻。我翻译如下:

> 路边有座小庙,庙旁有条小河。来了一个行人,被河沟挡住了去路。咋办? 他跑到庙里一看,咦,有了。这家伙生生把大王塑像给拔了,搬过来搭在河上,踩着就过,扬长而去。过一会儿,后面又来一人,一看大王竟然遭到这种羞辱,"偶卖嘎的"不得了,慌忙上前扶起,拿自己衣服擦干净,搬回庙里供起,临走还恭恭敬敬磕了几个头。

> 人都走了之后,庙里的小鬼嚷嚷开了:大王,这也太不像话了,可得整点祸事出来,好好收拾一下! 大王说,要不,咱就祸害祸害后面那个人吧。小鬼奇怪了,前面那个放肆,人家后面这个可是毕恭毕敬的啊! 大王叹道,唉,前面那个,他都不信咱了,怎么整得了他!

"艾子报应陷阱"告诉我们:**信者才得报应,赐福或降祸都是。**

【神秘系】费曼巧合陷阱

概率,常常是出人意料的奇异问题。一不小心,它就成了神佛系统的惊人奇迹。

理查德·费曼在一次题为《这个不科学的年代》的晚间演讲中谈论概率问题,他说:"今天晚上我就碰上了件出格的事情。在来这里的路上,我看到了一辆车牌为 ANZ912 的车子。请帮我算算在华盛顿州的所有车牌中我碰巧看到 ANZ912 的概率。"——我们只需在心里简单地估算一下就可以知道,这个概率之小,小到非常惊人。

无聊吗?好多人们认为的"巧合""奇迹"什么的,说白了其实就真是这样的无厘头。比较一下马丁·里斯的宇宙六数,那毕竟还是对我们有意义的数字。而费曼邂逅的车牌号,我们可能解读出无数非凡的意义,只是对他费曼而言,是没有任何意义的。但是,如果有必要,你还可以用 ANZ912 为费曼占一卦,以 ANZ 为上卦,以 912 为下卦,即可获知关于费曼的许多惊人信息,要多少有多少。

巧合,跟爱因斯坦说的时间、空间一样,都是我们根深蒂固的错觉。我们要看一个另外的例子。假设学校一个班上有 50 个同学,如果他们中竟然有两个人在同一天过生日,那真是比较罕见的巧事,毕竟每年有 365 天是不是。那么我们猜猜看,出现这种缘分的概率有多大,是 10%,20%,还是 50%?

恕我直言,你多半猜得不对。答案是 97%。

别不信,这是简单的数学问题。有人对我们的直觉作了一番梳理:首先,当只有 1 个人时,概率为 0%。当人数大于 365 个时,概率显然是 100%。于是,在 1 到 365 这个区间内,我们直觉地认为,对应的概率是线性地从 0% 增长到 100%,哪怕不是线性,也不会陡峭得太离谱,所以对于 50 人来说,该概率应该在 50/365,即七分之一稍强。但事实上,这条曲线的增长劲头却是十分可怕。今后再遇到这种巧合情况,如果谁还要惊叫,就是无知。

"费曼巧合陷阱"告诉我们:把所有不巧的情况都撇开或者忘掉,剩下的情

况,就是惊人巧合。

【神术系】麦克格维灵验陷阱

还有一种神奇神秘、影响深远的非科学 TOE:星相学。

咱们来做一个惊人的星相测试。你,读到此处的读者,根据你的星座——先卖个关子,甭管我怎么知道的,这就是神秘的缘分——以下是对你个性特征作出的判断,请仔细掂量准不准:

> 你非常需要别人喜欢你,你也非常需要别人佩服你。
>
> 你对自己往往求全责备。
>
> 你有大量潜能没有开发利用,你还没有把它变成你的优势。
>
> 你在个性方面有一些弱点,但一般来说你有能力进行弥补。
>
> 你在适应性方面有一些问题。
>
> 外表上你守纪律、受控制,而内心里往往感到烦恼和没有安全感。
>
> 你常对自己的所作所为充满疑惑,不知道做对了还是做错了。
>
> 你喜欢变化和时常换式样,对受约束和限制感到不满。
>
> 你为自己的独立思考能力自豪,并且不接受那些未经过可信的证据证实的观点。
>
> 你发现,过于坦率和让别人了解你的一切是不明智的。
>
> 有时你是外向的,你和蔼可亲,容易交往,善于交际;但有时你又是内向的,小心谨慎,沉默寡言。
>
> 你渴望的一些东西往往是相当不现实的。

对,就是你的性格,你的内心世界。

吃惊吗? 用微信上常见的话来说,准得让人尖叫。据说,一位心理学家对79 位大学生做了一个测试,把上述这段话分别单独地读给参加测试的每个人听。测试结果是,有 74 人认为说的就是自己,认为没有准确抓住自己个性特点的,仅有 5 人。就是说,准确率为惊人的 94%(注:案例资料取自署名北京师范大学管理学院徐平的网文)。可见,星相师们有多么的聪明。

关子卖完了,一望可知,其实就是贞凌雁老道"一个手指"的升级版和现代款。

还有一个案例资料。1975 年,物理学家约翰·麦克格维对 16 634 名科学家、6 475 名政治家的出生日期作了统计,结果发现,无论哪个星座出生的人,其科学家和政治家人数比例都是平均分布的(资料转引自甘霖等著的《破灭的神话——伪科学的种种骗局》一书)。今后,星相师预测你的未来,究竟是做官的命还是做学问的命,你需要考虑这个案例。

"麦克格维灵验陷阱"告诉我们:**算命准,是因为它对每个人都一样地准。**

■ 小结

A. 当科学着急或者郁闷的时候，神佛别笑，微笑也没意思。尤其不要跟科学讨论"宇宙究竟怎么啦"之类的具体事情，一不小心就会自取其辱。在科学那里，你万卷经书，都是不知所云的废话。

B. 神佛做功课的时候，科学也别吵嚷，因为它那些事情，跟你科学压根就没有关系。神佛系统能安抚人的心灵，科学就未必，而且冰冷死板的科学常常破坏人们的直觉和心情。

附　录

1　几个著名科学家

▷ 史蒂芬·霍金

Stephen William Hawking(1942—)。英国剑桥大学应用数学与理论物理学系物理学家,曾任卢卡斯数学教授(现为荣誉卢卡斯数学教授),该职位牛顿曾经也是,被誉为人类历史上最崇高的教授职位之一。霍金在研究黑洞和宇宙本源方面成就突出,号称"宇宙之王"。肌肉萎缩性侧索硬化症患者,全身瘫痪,不能发音。有人说:史蒂芬·霍金教授是这个世界上最接近爱因斯坦、最接近大宇宙的真理、同时也最接近机器战警与终结者的存在。

人类始终追求存在、生命和宇宙的意义。这本来是哲学的任务,但哲学跟不上物理科学的发展。因此,霍金强调,宇宙不需要一个造物主上帝,并且,哲学已死。霍金著有《时间简史:从大爆炸到黑洞》《大设计》《果壳中的宇宙》。《时间简史》被译成40余种语言,出版逾1 000余万册,因该书内容极其艰深,被戏称为"读不来的畅销书"(Unread Bestseller)。

霍金语录:轮椅上的幽默。

永恒是很长的时间,特别是对尽头而言。

通观整个科学史,人们已渐渐明白,事件不会以随意的方式发生——它们反映了某些基本的秩序,这可能是——也可能不是——有神力相助的。

如果生活没有了乐趣,那将是一场悲剧。

在我21岁时,我的期望值变成了零。自那以后,一切都变成了额外津贴。

有人告诉我说我列入书中的每个方程式都会让销量减半。然而,我还是把一个方程式写进书中——爱因斯坦最有名的那个 $E=mc^2$。但愿这不会吓跑我一半的潜在读者。

我发现美国和斯堪的纳维亚口音对女人尤其管用（当被问及其电子拟音器的美国口音时，霍金的回应）。

我的目标很简单，就是把宇宙整个明白——它为何如此，它为何存在。

我注意过，即便是那些声称一切都是命中注定的而且我们无力改变的人，在过马路之前都会左右看。

▶ 史蒂文·温伯格

Steven Weinberg（1933—）。美国物理学家，1979 年获诺贝尔物理学奖。主要贡献是把自然界四种最基本的力的两种——电磁力和弱力统一起来了。著有《广义相对论与引力论》《最初三分钟》《终极理论之梦》等书，风行世界。他认为，还原论虽然不能很好地解决所有问题，但其他理论比还原论更不靠谱。

温伯格语录：

不管有没有宗教，善良的人可以表现很好，不好的人可以做坏事，但对于善良的人做坏事，这需要宗教。

人们持久的希望之一就是，找到几条简单而普遍的规律，来解释拥有其全部外在复杂性和多样性的大自然为什么会如此。此时此刻，我们所能得出的最接近大自然的统一观点是按照基本粒子及其相互作用来描述的。

不管所有这些问题可能如何得到解决，也不论哪一个宇宙模型被证明为正确的，我们都不会从中得到什么慰藉。人类总是不可抗拒地认为，我们和宇宙有某种特殊的关系，认为人类的生命不应该是追溯到最初三分钟的一连串偶然事件的多少带有笑剧性质的产物，而是从宇宙的开始就以某种方式存在了。我写到这些话时，正好在从旧金山至波士顿的回家途中飞越俄明上空，大地在下面看起来柔软而舒适，浮云处处，公路纵横，夕阳西下，积雪泛红，很难理解这只不过是一个充满敌意的宇宙中的一小部分，更无法想象现在的宇宙是从一个难以言传的陌生的早期状态演化而来，而又面临着无限冰冷的，或者是炽热难耐的末日。宇宙愈可理解，也就愈索然无味。

▶ 乔治·伽莫夫

George Gamow(1904—1968)。美籍俄裔物理学家、宇宙学家、科普作家,热大爆炸宇宙学模型的创立者,也是最早提出遗传密码模型的人。

20 世纪 40 年代,伽莫夫与他的两个学生——拉尔夫·阿尔菲和罗伯特·赫尔曼一道,将相对论引入宇宙学,提出了热大爆炸宇宙学模型。热大爆炸宇宙学模型认为,宇宙最初开始于高温高密的原始物质,温度超过几十亿度。随着宇宙膨胀,温度逐渐下降,形成了现在的星系等天体。他们还预言了宇宙微波背景辐射的存在。著有科普《从一到无穷大》等书,深入浅出,风趣幽默,非常好看。该书读者感言:

你无法不承认,这世界充满巧合。当我翻开今天刚买的《从一到无穷大》时,居然发现这正是我儿时的最爱! 书中的每一页、每一行、每一句话都是我所熟悉的。

《从一到无穷大》比起其他科普书最大的好处就是涉及面极广。打开它,……你将认识到如果成了一个醉汉就会退化到一杯水中某个糖分子的水准,而美国国旗,π 和你们班上两位同学生日是同一天之间有着神秘的联系……而合上它的时候,你会用想像一只火鸡被自己扯出喉咙并且跳回蛋壳的方式开始思考宇宙与人生……

▶ 加来道雄

MichioKaku(1947—)。美籍日裔人,纽约城市大学研究生中心的理论物理学教授,超弦理论奠基人。著名的科学畅销书作者,著有《构想未来》《超越爱因斯坦和超空间》《平行宇宙》《不可思议的物理》《物理学的未来》,内容都是大众感兴趣的科学话题。主持一档全美联网的科学广播节目,还在美国《晓闻热线》《60 分钟》《早安美国》《拉里·金直播在线》之类的电视节目,以及多部科普纪录片中讲科学。《不可思议的物理》提出的科学预言:

一等不可思议:现在不可能实现,但它们并不违背已知的物理学理论。它们可能在21世纪或22世纪变成现实,它们是:力场、隐形术、移相器和死星、隐形传送、心灵感应、意志力、机器人、不明飞行物和外星人、星际飞船、反物质和反宇宙。

二等不可思议:它们是一些位于我们现在了解的物理学领域边缘的技术。人类或许能在一千年或数百万年后真正弄明白它们。这些科技是:比光速更快的旅行、时间旅行和平行宇宙。

三等不可思议:它们是一些违背人们现在已知的物理学理论的技术。如果它们最终被证实有可能实现,这些科技将让我们对物理学的理解发生根本性改变。这些科技是:永动机和预知。

▶ 布莱恩·格林

Brian Greene(1963—)。康奈尔大学物理系教授,哥伦比亚大学物理学和数学教授。弦理论领军人物之一,曾在20多个国家开过普及和专业讲座。

格林是著名科普明星。著有《宇宙的琴弦》《宇宙的构造:空间、时间与现实的结构》等科普畅销书,主讲弦理论,获得多项大奖。参演多部纪录片和影视剧。2011年出演《生活大爆炸》第四季第二十集,剧中讲解了他自己的著作《隐藏的宇宙:平行宇宙是什么》,该书出版后连续数月蝉联亚马逊同类书籍排行版首位。

▶ 理查德·费曼

Richard Feynman(1918—1988)。美国物理学家。1965年获诺贝尔物理学奖。提出费曼图、费曼规则和重正化的计算方法,是研究量子电动力学和粒子物理学不可缺少的工具。参与研制原子弹的"曼哈顿计划",著有《费曼物理学讲义》《物理之美》《别闹了费曼先生》《这个不科学的年代》等。

费曼语录：

我不能创造的东西，我就不了解。

物理跟性爱有相似之处：是的，它可能会产生某些实在的结果，但这并不是我们做它的初衷。

我很早就明白知道一样事物和知道一样事物的名字的分别。

如果，在某次大灾难里，所有的科学知识都要被毁灭，只有一句说话可以留存给新世代的生物，哪句说话可以用最少的字包含最多的信息呢？我相信那会是原子假说（或者原子实情，或者你爱怎么叫也可以）：宇宙万物由原子构成……

科学家对无知、怀疑和不确定性很有经验，我认为这些经验很重要。

▶ **爱德华·威滕**

Edward Witten（1951—）。美国数学物理学家，菲尔兹奖得主，普林斯顿高等研究院教授。弦理论和量子场论著名专家，创立了 M 理论。霍金的《大设计》认为，M 理论可能是宇宙的终极理论。

威腾语录：

我觉得，我们现在正处于建立一种理论的过程之中，它比我们以前所做过的任何探索都要深刻得多，而且进入 21 世纪以后很久，在我老得没法对这个课题做任何有用的思考的时候，年轻一代的物理学家将不得不确认，我们是不是实际上已经发现了这个最终理论。

▶ **基普·S. 索恩**

Kip Stephen Thorne（1940—）。美国著名的理论物理学家。在引力物理和天体物理学领域贡献卓著，对黑洞和时间机器有深入研究。电影《星际穿越》编剧之一。与霍金、卡尔·萨根是好朋友，科学打赌赢了霍金。

著有《黑洞与时间弯曲》。书中设问:你想让你的读者从书中学到的最重要的一样东西什么? 回答是:"人类思想那令人惊奇的力量——在迷途中往返,在思想里跳跃——去认识宇宙的复杂,发现主宰它的基本定律的终极的单纯、精妙和壮丽。"

▶ 保罗·戴维斯

Paul Davies(? —)。著名物理学家。曾入选澳大利亚"十位最有创造性的人物",被《华盛顿邮报》誉为"大西洋两岸最好的科学作家"。主要研究黑洞、量子场论、宇宙起源、意识的本质和生命的起源等课题。

著有《怎样制造时间机器》,宣称"有限时间旅行"是可行的,但回到任何时代的"无限时间旅行"只是"有可能可行"。另著有《上帝与新物理学》,深入讨论了科学与宗教认识宇宙的差别,深刻揭示人类认识宇宙没有必要依靠上帝。

▶ 马克斯·普朗克

Max Planck(1858—1947)。德国物理学家,量子力学创始人,20 世纪最重要的物理学家之一,因发现能量量子而对物理学的进展做出重要贡献,1918 年获诺贝尔物理学奖。首先提出量子论,这个理论彻底改变人类对原子与次原子的认识,正如爱因斯坦的相对论改变人类对时间和空间的认识,这两个理论一起构成了 20 世纪物理学的基础。

▶ 爱丁顿

Sir Arthur Stanley Eddington(1882—1944)。英国天体物理学家、数学家。自然界密实(非中空)物体的发光强度极限被命名为"爱丁顿极限"。据说是当初少数懂得相对论的人之一。提出"无限猴子理论":"如果许多猴子任意敲打打字机键,最终可能会写出大英博物馆所有的书"。

▶ 埃尔温·薛定谔

Erwin Schrödinger(1887—1961)。奥地利物理学家,苏黎世大学、柏林大学和格拉茨大学教授。量子力学奠基人之一。与狄拉克共获 1933 年诺贝尔物理学奖。1937 年荣获马克斯·普朗克奖章。在德布罗意物质波理论的基础上,建立了波动力学。建立的薛定谔方程,是量子力学描述微观粒子运动状态的基本定律。提出薛定谔猫思想实验,试图证明量子力学在宏观条件下的不完备性。

▶ 卡尔·萨根

Carl Edward Sagan(1934—1996)。美国天文学家、科幻作家,非常成功的科普作家。行星学会成立者。研究天文生物学的先驱,搜寻地外智慧生物项目(SETI)创始人之一。

他因撰写多部优秀的科普图书及电视系列片而享誉全球。电视系列节目《宇宙——个人游记》在 60 多个国家有超过 6 亿人观看,是 PBS(Public Broadcasting Service)历史上最受欢迎的节目之一。《魔鬼出没的世界》是分析批判伪科学的科普作品。著有科幻小说《接触》及同名电影。人称“历史上最成功的科学普及家”。

萨根语录:

宇宙比任何人所能想象的还要大,如果只有我们,那就太浪费空间了。

在探索自然的过程中,科学总是能够探索出自然所具有的令人尊崇和敬畏之处。理解的行为本身,就是对人类加入和溶入到宇宙之壮美之中的一种盛赞(即使是在极小的程度上的加入)。

▶ 马丁·里斯

Martin Rees,Baron Rees of Ludlow(1942—)。英国著名理论天文学家、数学家,英国皇家学会前会长,类星体研究权威。相信搜寻地球以外智慧生物的存在有可能成功。对宇宙微波背景辐射,以及银河系的起源、成型和分布做出了重要贡献。

BBC(British Broadcasting Corporation)科普讲座明星。他主张科学和主流宗教共存,认为宗教具有文化相对性,而科学不能以简单的原则(例如进化论原则)涵盖宗教事务的复杂性。2011 年,因"其对宇宙持有的深刻见解引发了有关人类最高期望和最深恐惧的重要问题"而获得有争议的坦普尔顿奖。

▶ 伦纳德·萨斯坎德

Leonard Susskind(1940—)。美国理论物理学家,斯坦福大学教授,美国国家科学院院士,美国艺术与科学院院士。主要贡献:创建弦理论,以全息定理来解释物质进入黑洞后,会保留信息,否定霍金的相关假说。创建全息理论,凡是进入黑洞中的物体,它本身进入黑洞中心,而它所留下的信息会以二维的全息图像形式留在黑洞边缘。创建矩阵理论。提出新的问题:为什么空间是三维的,而空间中所储存的信息是二维的? 深刻改变了人类对空间的认识。

▶ 艾伦·古思

Alan Guth(1946—)。美国物理学家,美国国家科学院院士。主要贡献:提出宇宙暴胀概念,使现代宇宙学发生革命。他通过人工制造宇宙等问题的研究,揭示宇宙起源的更多秘密。

▶ 安德烈·林德

Andrei Linde(1948—)。美籍俄裔宇宙学家,斯坦福大学教授。宇宙学研究的领袖人物,最早提出暴胀宇宙学的学者之一,并修正了艾伦古思的模型。宇宙起源的科学解释更加令人信服。

(排名不分先后。内容参考、摘取、综合自网络百科)

2　几本精品参考书

《万物简史》(比尔·布莱森)

新知指数 ★ ★ ☆　　通俗指数 ★ ★ ★　　趣味指数 ★ ★ ★

《从一到无穷大》(乔治·伽莫夫)

新知指数 ★ ★ ☆　　通俗指数 ★ ★ ☆　　趣味指数 ★ ★ ★

《时间简史——从大爆炸到黑洞》(史蒂芬·霍金)

新知指数 ★ ★ ★　　通俗指数 ☆ ☆ ☆　　趣味指数 ★ ★ ☆

《时间简史续编》(史蒂芬·霍金)

新知指数 ★ ★ ☆　　通俗指数 ★ ☆ ☆　　趣味指数 ★ ★ ☆

《霍金讲演录——黑洞、婴儿宇宙及其他》(史蒂芬·霍金)

新知指数 ★ ★ ☆　　通俗指数 ★ ☆ ☆　　趣味指数 ★ ☆ ☆

《大设计》(史蒂芬·霍金)

新知指数 ★ ★ ★　　通俗指数 ☆ ☆ ☆　　趣味指数 ★ ☆ ☆

《伽利略的手指》(彼得·阿特金斯)

新知指数 ★ ★ ★　　通俗指数 ★ ☆ ☆　　趣味指数 ★ ★ ☆

《物理学的困惑》(L. 斯莫林)

新知指数 ★ ★ ★　　通俗指数 ★ ★ ☆　　趣味指数 ★ ☆ ☆

《平行宇宙》(加来道雄)

新知指数 ★ ★ ☆　　通俗指数 ★ ★ ★　　趣味指数 ★ ★ ☆

《隐藏的现实——平行宇宙是什么》(布莱恩·格林)

新知指数 ★ ★ ★　　通俗指数 ★ ☆ ☆　　趣味指数 ★ ☆ ☆

《不可思议的物理》(加来道雄)

新知指数★★☆　通俗指数★★★　趣味指数★★☆

《超越时空——通过平行宇宙、时间卷曲和第十维度的科学之旅》(加来道雄)

新知指数★★★　通俗指数★★☆　趣味指数★★☆

《上帝与新物理学》(保罗·戴维斯)

新知指数★★☆　通俗指数★★☆　趣味指数★☆☆

《果壳中的宇宙》(史蒂芬·霍金)

新知指数★★★　通俗指数☆☆☆　趣味指数★☆☆

《果壳里的60年》(史蒂芬·霍金等)

新知指数★★★　通俗指数★☆☆　趣味指数★☆☆

《时空的未来》(史蒂芬·霍金等)

新知指数★★★　通俗指数☆☆☆　趣味指数★☆☆

《时空本性》(史蒂芬·霍金)

新知指数★★★　通俗指数☆☆☆　趣味指数★☆☆

《莎士比亚、牛顿和贝多芬——不同的创造模式》(S.钱德拉塞卡)

新知指数★☆☆　通俗指数★☆☆　趣味指数☆☆☆

《终极理论之梦》(S.温伯格)

新知指数★★★　通俗指数★★☆　趣味指数★☆☆

《宇宙的琴弦》(布莱恩·格林)

新知指数★★★　通俗指数☆☆☆　趣味指数★☆☆

《物理学的未来》(加来道雄)

新知指数★★☆　通俗指数★★☆　趣味指数★★☆

《宇宙的结构——时间、空间以及真实性的意义》(布莱恩·格林)

新知指数★★★　通俗指数★☆☆　趣味指数★☆☆

《无中生有的宇宙：万物起源于空，空又从何而来？》(劳伦斯・M. 克劳斯)

新知指数 ★★☆　　通俗指数 ★☆☆　　趣味指数 ★☆☆

《宇宙之书：从托勒密爱因斯坦到多元宇宙》(约翰・D. 巴罗)

新知指数 ★★☆　　通俗指数 ★☆☆　　趣味指数 ☆☆☆

《惊人的假说——灵魂的科学探索》(F. 克里克)

新知指数 ★☆☆　　通俗指数 ☆☆☆　　趣味指数 ★☆☆

《未来 50 年》(J. 布洛克曼)

新知指数 ★☆☆　　通俗指数 ★★☆　　趣味指数 ★☆☆

《魔鬼出没的世界》(卡尔・萨根)

新知指数 ★☆☆　　通俗指数 ★★☆　　趣味指数 ☆☆☆

《时间的形状：相对论史话》(汪洁)

新知指数 ★☆☆　　通俗指数 ★★☆　　趣味指数 ★★☆

《上帝掷骰子吗——量子物理史话》(曹天元)

《下一步是什么——未来科学的报告》(马克斯・布鲁克曼)

《黑洞战争》(伦纳德・萨斯坎德)

《神秘的宇宙——从大爆炸到毁灭》(哈拉尔德・弗里切)

《解码生命》(克雷格・文特尔)

《皇帝新脑——有关电脑、人脑及物理定律》(罗杰・彭罗斯)

《时间之箭——揭开时间最大奥秘之科学旅程》(彼得・柯文尼)

《弯曲的旅行：揭开隐藏的宇宙维度之谜》(丽莎・兰道尔)

《黑洞与时间弯曲——爱因斯坦的幽灵》(基普・S. 索恩)

《千亿个太阳——恒星的诞生、演变和衰亡》(鲁德夫・基彭哈恩)

《时间、空间与万物》(B. K. 里德雷)

《宇宙传记》(约翰・格列宾)

《生命是什么》(埃尔温・薛定谔)

《六个数——塑造宇宙的深层力》(马丁・里斯)

《宇宙新视野》(C. C. 皮特森、J. C. 布兰特)

《费曼讲演录：一个平民科学家的思想》(理查德·费曼)

《诸神的战车》(冯·丹尼肯)

《骗局、神话与奥秘：考古学中的科学与伪科学》(肯尼斯·L. 费德)

《念力的秘密——叫唤自己的内在力量》(琳恩·麦塔格特)

《破灭的神话——伪科学的种种骗局》(甘霖等)

3　几部精彩纪录片

《旅行到宇宙边缘》美国国家地理频道

《与摩根·费里曼一起穿越虫洞》探索频道

《与霍金一起了解宇宙》Into the Universe with Stephen Hawkin

《宇宙时空之旅》COSMOS：A SPACETIME ODYSSEY 美国国家地理频道
　（2014）

《宇宙大爆炸之前》BBC

《太阳系的奇迹》Wonders Of The Solar System

《璀璨星空》HDScape StarGaze HD Universal Beauty（2008）

《宇宙之旅》Cosmic Voyage（1996）

《宇宙的构造》The Fabric of the Cosmos：What is Space（2011）

《星际旅行指南》A Traveler's Guide To The Planets Season 美国国家地理频道
　（2010）

《探秘宇宙》

《宇宙心》

《来自远古星星的你》美国历史频道